# 泄洪雾化边坡稳定性分析方法

戚国庆 著

本书得到绍兴文理学院出版基金、绍兴文理学院人才引进启动基金（项目编号：20155024）及贵州省科学技术基金项目"泄洪雾雨影响边坡稳定的机理及其控制研究"[黔科合J字（2010）2022]资助

科学出版社
北 京

## 内 容 简 介

本书针对水利水电工程中的泄洪雾化边坡稳定问题，借助水力学理论、非饱和渗流及非饱和土力学理论，结合已有研究成果和现有规范方法，提出并建立了完整的雾化边坡稳定性分析评价方法。全书共分六章，分别为泄洪雾化问题、泄洪雾化范围及雨强预测、入渗问题及其求解、边坡基质吸力初始分布状态、入渗过程中边坡的位移分析、泄洪雾雨作用下的边坡稳定性评价。

本书可供水利水电勘察、水工设计研究人员，以及高等院校、科研院所相关专业人员和师生参考。

**图书在版编目（CIP）数据**

泄洪雾化边坡稳定性分析方法/戚国庆著. —北京：科学出版社，2020.10
ISBN 978-7-03-066250-7

Ⅰ. ①泄…　Ⅱ. ①戚…　Ⅲ. ①边坡稳定性－研究　Ⅳ. ①TV698.2

中国版本图书馆 CIP 数据核字（2020）第 183408 号

责任编辑：李　海　韩　东　宫晓梅 / 责任校对：王万红
责任印制：吕春珉 / 封面设计：东方人华平面设计部

**科学出版社** 出版
北京东黄城根北街 16 号
邮政编码：100717
http://www.sciencep.com
**三河市骏杰印刷有限公司**印刷
科学出版社发行　各地新华书店经销

\*

2020 年 10 月第 一 版　　开本：B5（720×1000）
2020 年 10 月第一次印刷　　印张：9 1/4
字数：186 000
定价：98.00 元
（如有印装质量问题，我社负责调换〈骏杰〉）
销售部电话 010-62136230　编辑部电话 010-62135120-2005（BA08）

# 序　一

泄洪雾化边坡稳定性分析及评价是大型水利水电工程建设中经常遇到且难以回避，而又十分复杂的科学难题。其涉及强烈紊动的水气二相流问题，以及雨强分布强烈不均导致的饱和或非饱和入渗问题。而针对雾雨入渗条件下的边坡稳定性分析，则需借助非饱和（岩）土力学相关的理论和方法。戚国庆博士历时 8 年完成的专著《泄洪雾化边坡稳定性分析方法》，系统地提出了完整的泄洪雾化、入渗及其影响下的边坡稳定性分析方法，具有较为重要的学术价值和实践意义。

本书具有以下特点。

1）本书认为入渗条件下边坡失稳经历了一个位移的累积过程，提出了吸力变形的观点，推导并验证了入渗量与边坡位移关系的数学框架模型；将入渗条件下边坡的失稳归结为由非饱和岩土体基质吸力引发的抗剪强度的丧失，推导出边坡稳定性系数随基质吸力变化的表达式；针对泄洪雾化分区不统一的问题，对各种分区进行了对比分析，提出工程实践中应按泄洪雾化降雨对边坡的影响程度进行雨强分级、分区；而对于泄洪雾化降雨的入渗分析，则应采用按雨强分级分区确定入渗量的三维饱和-非饱和渗流的数值方法。

2）本书广泛吸收了流体力学、渗流力学、非饱和土力学等学科领域相关科研成果，将泄洪雾化边坡稳定这一庞大而又复杂的问题，分解为 3 个相对简单的问题，简化了解决问题的方法：①针对泄洪雾化范围及分区，本书建议采用数值方法结合工程类比法进行综合分析确定。②泄洪雾化降雨入渗问题的分析，则采用分区均匀有积水-无积水入渗的三维饱和-非饱和渗流模型，应用数值方法求解。也可采用修正的 Green-Ampt 模型、垂直入渗的 Philip 模型简化求解。③泄洪雾化影响下的边坡稳定性分析，从工程实际角度出发，采用考虑非饱和边坡岩土体基质吸力强度变化的刚体极限平衡方法进行求解。

3）本书注重实际应用，以工程应用为最终目标，既有复杂的理论分析，又有具体的分析评价方法，并且附有工程分析计算实例，方便工程技术人员参阅与借鉴。

本书内容丰富，图文并茂，文字流畅简练，思路逻辑清晰，对泄洪雾化问题的研究以及相关评价分析方法的工程应用产生积极的影响。

本书涉及的边坡是那些可以视作等效连续介质的边坡，研究虽已取得了一定的成果，但对于泄洪雾化边坡稳定这一复杂难题来说，尚有许多问题待解决，例如，非饱和裂隙岩体渗流问题、基质吸力对裂隙岩体强度的影响问题、泄洪雾化裂隙岩体边坡的稳定性评价问题等。希望有关部门继续支持这一领域的研究，并祝愿戚国庆博士在今后的研究中，取得更大的成就。

*何满潮，中国科学院院士，矿山工程岩体力学专家。中国矿业大学（北京）教授，国家级有突出贡献的中青年专家，国家杰出青年基金获得者，国家"百千万人才工程"第一、二层次入选者。主要从事矿山岩体大变形灾害控制理论和技术研究，提出了"缓变型"和"突变型"大变形灾害的概念及分类，研发了多套大变形灾害机理实验系统，创建了深部采矿岩体力学实验室。兼任国际岩石力学学会中国国家小组主席、中国岩石力学与工程学会副理事长、中国矿业科学协同创新联盟理事长等。

# 序 二

泄洪雾化边坡稳定性问题是目前大型、超大型水电站高坝建设中面临的共性难题，涉及复杂的雾化形成机理、雾化范围确定、饱和-非饱和入渗和渗流、非饱和土力学及边坡渗流稳定性等理论与技术问题。

目前国内外系统阐述泄洪雾化边坡分析方法的学术成果尚属少见。本书凝聚了著者8年心血，提出了一整套泄洪雾化影响下的边坡稳定性及位移的分析评价方法。

著者进行过系统的水文地质与工程地质、水力学及河流动力学、地质工程及岩土工程等专业方向的内容研究，具备水力学、流体力学与渗流力学、岩土力学、非饱和土力学等诸多学科的相关知识；分别在矿业、交通、水电等系统的研究院、工程局、设计院工作并积累了大型露天矿边坡稳定性及渗流控制研究、岩土工程施工、水利水电勘察设计的丰富经验。本书充分体现了著者扎实的地质知识基础、深厚的力学研究功底、丰富的工程实践经验和宽广的知识面。

泄洪雾化问题的复杂性，不仅在于雾化形成机理，还在于雾化的范围受很多自然因素的影响。本书指出泄洪雾化源主要是挑流水舌的入水激溅，并提出采用随机激溅模型数值模拟方法，结合相似工程实际观测结果的工程类比法，进行综合分析确定。

对于边坡渗流及稳定性分析，著者采用等效连续介质理论，借鉴已有的泄洪雾化、地表有积水-无积水入渗、非饱和-饱和渗流，以及非饱和土力学方面的成果，将较为严谨的理论解、数值解与工程类比法结合进行分析，同时考虑现有规范方法，保证了工程实用性。

本书的理论体系完整，具体表现如下。

1）本书抓住泄洪雾化对边坡影响的两个基本问题，系统提出和论证了泄洪雾化对边坡稳定性和位移的影响。针对泄洪雾化边坡稳定性的分析，借助非饱和土力学理论和刚体极限平衡方法，本书给出了雾雨入渗条件下边坡稳定性的分析评价方法，便于与现行规范方法进行对比、过渡与衔接。针对泄洪雾化边坡位移分析，则基于非饱和土本构模型，给出了雾雨入渗条件下边坡位移的框架模型，提出了单纯基质吸力变化，也会引起非饱和土应变的观点，为边坡失稳预测及加固提供了分析方法和科学依据。

2）对于泄洪雾化边坡问题的解决，本书按工程科学问题的逻辑，分6章进行了系统阐述。全书遵循"泄洪雾化分区的统一"—"泄洪雾化影响范围和雨强分区确定"—"雾雨入渗数值模拟"—"雾化边坡位移分析"—"雾化边坡稳定性分析评价"的技术路线，既有严密的理论分析，又有工程分析和计算实例，便于工程实践参考借鉴。

　　本书构思新颖，逻辑清晰，文字简练，图文并茂，理论推导严谨，研究成果可信。本书的出版对解决工程难题、指导工程实践具有重要理论价值和实践意义。

　　借此序，衷心祝愿戚国庆博士取得更大的学术成就。

伍法权*

* 伍法权，绍兴文理学院教授，浙江省特级专家，国务院政府特殊津贴专家，俄罗斯自然科学院外籍院士，工程地质与岩石力学家。国际工程地质与环境协会（International Association for Engineering Geology and the Environment，IAEG）副主席、秘书长，IAEG 中国委员会主席，曾任中国科学院工程地质力学重点实验室主任，中国岩石力学与工程学会副理事长兼秘书长，国务院三峡护坡专家工作组组长。

# 前　　言

　　水电是清洁能源，可再生、无污染、运行费用低，便于电力调峰，有利于提高资源利用率和经济社会的综合效益。我国是世界上水能资源最丰富的国家之一，在今后相当长的时间内，会一直处在水电开发的高峰期。目前已陆续建成了一大批坝高 200m 级、300m 级、300m 以上级巨型电站（如拉西瓦、小湾、龙滩、溪洛渡、糯扎渡、二滩、构皮滩等），这些电站位于高山峡谷区，泄洪水头高、流量大，加上泄洪消能采用分层出流，空中碰撞将产生强烈的泄洪雾化降雨。而泄洪雾化降雨所引起的高边坡稳定问题，是目前我国水电工程面临的一个重大技术难题。

　　泄洪雾化是水电站泄洪的高速水流，在消能过程中出现的一种较为复杂的物理现象。对于工程而言，主要关注的是泄洪雾化降雨所引起的高边坡稳定问题。据现有原型观测资料显示，泄洪雾化降雨的降雨强度（简称雨强）在 4000～5000mm/h，大大超过气象学上有记载以来观测到的自然降雨雨强极值 636mm/h，因此对下游边坡的安全稳定影响巨大。例如，1989 年，龙羊峡水电站泄洪导致下游虎山坡滑坡。也就是在这次滑坡发生之后，泄洪雾化降雨开始引起学术界和工程界的高度重视。泄洪雾化降雨曾被列入"七五""八五"国家重点科学技术项目（攻关），是国家科技重点发展规划中工程水力学的七大问题之一。

　　泄洪雾化的影响范围及雨强的确定，涉及紊动强烈且水相不连续的水气二相流，目前的研究主要集中在原型观测、物理模型试验，以及理论分析计算方面。由于泄洪雾化的影响范围及雨强不但与泄洪的流量、能量（高差）、消能方式有关，而且受当地地形、坝后风速场等诸多因素的影响，因此单纯采用理论分析或数值模拟的方法难以得到较为准确的结果，并且缩尺模型试验的相似条件、模拟手段及模型律尚不清楚。在工程设计时，由于拟建工程与已建工程的水文、气象、地形、地质条件和建筑物水力条件等，不可能完全相同，因此引用已建工程的原型观测资料预测拟建工程存在一定困难。本书采用数值方法、经验公式法，以及依据原型观测资料工程类比法，进行综合分析，确定泄洪雾化分区和雨强分布，详见第 1、2 章。

　　泄洪雾化降雨入渗与自然降雨入渗在物理过程中是相同的：在边坡非饱和带，入渗遵循 Richards 提出的延伸用于非饱和渗流的达西（Darcy）定律；当泄洪雾化的雨水到达潜水面，引起地下水位升高，则遵循饱和渗流的达西定律。其差别在于：自然降雨在整个入渗边界上的雨强是相等的，而泄洪雾化降雨在整个入渗边界上的雨强不相等。本书依据洪渡河石垭子水电站泄洪雾化模拟分析结果，将泄洪雾化区按雨强分为 6 个分区（Ⅰ级大雨区：雨强小于 2.5mm/h；Ⅱ级暴雨区：

雨强为 2.5～5.8mm/h；Ⅲ级大暴雨区：雨强为 5.8～11.7mm/h；Ⅳ级特大暴雨区：雨强为 11.7～25mm/h；Ⅴ级强暴雨区：雨强为 25～50 mm/h；Ⅵ级强溅水区：雨强大于 50mm/h）。假定在每个分区内的雨强相等。泄洪雾化降雨入渗的具体分析方法，详见第 3 章。

入渗前的边坡初始基质吸力状态对泄洪雾化雨入渗影响很大。初始基质吸力剖面的获得有两种方法：一种是现场基质吸力的直接量测法；另一种是测定现场含水量剖面，结合相应土-水特征曲线的间接确定法。第 4 章以采用直接量测法对三峡库区湖北秭归泄滩滑坡现场基质吸力剖面量测为例，对直接量测法的基质吸力监测井、快拔型张力计、孔隙水压力传感器的布置，以及监测结果进行了阐述；间接确定法的实例是洪渡河石垭子水电站 11 号滑坡体的初始基质吸力剖面确定，详见第 3 章。

边坡失稳前往往经历一个位移变形期，雨量与边坡位移具有很强的相关性。因此，第 5 章对泄洪雾化降雨入渗过程的边坡变形问题进行了研究，并提出基质吸力变化引起的非饱和土应变，进而引起边坡变形，以及入渗作用下的边坡位移规律及其与雨量关系的框架模型。

第 6 章从由基质吸力引发的抗剪强度研究入手，对入渗（无论是泄洪雾化降雨入渗，还是自然降雨入渗）影响边坡稳定性的机理进行分析，并给出了考虑基质吸力对边坡稳定性的影响的 Bishop 法、Janbu 法、不平衡推力传递法的计算公式。

本书得到绍兴文理学院出版基金、绍兴文理学院人才引进启动基金（项目编号：20155024）及贵州省科学技术基金项目"泄洪雾雨影响边坡稳定的机理及其控制研究"［黔科合 J 字（2010）2022］资助。

本书中的石垭子水电站泄洪雾化数值模拟由水力学与山区河流开发保护国家重点实验室（四川大学）的老师完成，非饱和土渗透参数的试验测试由河海大学丁国权老师完成。在此向他们表示衷心的感谢！

由于著者经验有限，书中难免存在不足之处，恳切希望读者批评指正。

# 目　　录

# 第 1 章　泄洪雾化问题

泄洪雾化是指在消能过程中，水电工程的泄洪水流在泄水建筑物及其下游一定区域内产生的降雨和雾流现象。尤其是高坝的泄洪雾化，对枢纽建筑物、下游岸坡稳定、电厂安全运行、交通安全、周围环境等有诸多不良的影响。周辉等（2005）统计了多个已建工程泄洪雾化的原型观测资料，认为泄洪雾化包括泄洪雾化降雨和泄洪雾流两个方面，并且泄洪雾化的影响主要表现为泄洪雾化降雨的影响。因此，人们对泄洪雾化降雨的关注相对多一些，并且研究已逐步定量化。而对于泄洪产生的雾流的研究，目前仍处在定性描述阶段：一方面，泄洪雾流对枢纽建筑物安全、下游岸坡稳定不产生直接影响；另一方面，由于受气象、地形等自然条件的影响，泄洪雾流的运动规律比泄洪雾化降雨的运动规律更复杂。本书中的泄洪雾化是指泄洪雾化降雨。

泄洪雾化降雨与自然降雨的区别在于：①泄洪雾化降雨的雨强比自然降雨的雨强大得多；②对于工程边坡而言，泄洪雾化降雨具有分区分布的特征，而自然降雨则可视为均匀分布。

分析评价泄洪雾化降雨影响的第一步，就是对泄洪雾化降雨进行分级并对影响范围进行分区。

## 1.1　泄洪雾化降雨的分级分区描述

1989 年，龙羊峡水电站泄洪导致下游虎山坡滑坡（滑坡方量达 $87 \times 10^4 \mathrm{m}^3$）。在这次滑坡发生之后，泄洪雾化降雨开始引起学术界和工程界的高度重视。

20 世纪 80 年代末，国内相关科研院所及设计单位对已建成的新安江、乌江渡、刘家峡、白山、丹江口等 15 座水电站的泄洪雾化的原型观测资料进行了收集与分析，对一些拟建工程做了泄洪雾化的整体物理模型试验研究。

刘宣烈等（1991）、肖兴斌（1997）根据雾化浓度和雨强，将泄洪雾化区分为浓雾暴雨区、薄雾降雨区和淡雾水汽飘散区。梁在潮（1992）提出泄洪雾流受到气流以及当地的地形条件的影响，会在局部地区产生一种密集的雨雾现象，按其形态可以分为水舌溅水区、强暴雨区、雾流降雨区和薄雾大风区。

柴恭纯、陈惠玲（1992）按降水量和形态将雾化影响区分为特大降水区（雨强大于 600mm/h）、强降水区（雨强为 11.7～600mm/h）、一般降水区（雨强小于 11.7mm/h）、雾流区（雾滴飘浮区）。练继建和刘昉（2005）考虑对工程的危害程度，根据泄洪雾化降雨的雨强、分布规律，将泄洪雾化区划分为 3 个区域，即大暴雨区（雨强不小于 50.0mm/h），雾化降雨可能引起山体滑坡和建筑物的毁坏；暴雨区（雨强为 16.0～50.0mm/h），雾化降雨会对电站枢纽造成危害；毛毛雨区（雨强为 0.5～<16.0mm/h），此范围内对工程危害较小，一般不造成灾害，该范围外的雾化降雨对工程没有影响。

周辉等（2005）对泄洪雾化影响程度进行了分类和分级，初步建立了泄洪雾化影响程度的分类、分级指标，将泄洪雾化对枢纽工程的影响划分为 5 个不同的等级和区域。

陈惠玲等（1995）依据泄洪雾化降雨对枢纽建筑物及周围环境的影响程度，将泄洪雾化雨强分为：Ⅰ级、Ⅱ级、Ⅲ-1 级、Ⅲ-2 级、Ⅲ-3 级、Ⅲ-4 级、Ⅳ级。

姚克烨和曲景学（2007）根据已有雾化方面的资料，对雾化机理和分区研究进行总结归纳，指出主要雾化源是水舌落水附近的喷溅。可按雾化的影响程度和雨强将泄洪雾化降雨区分为强降雨区（溅水区）、雾流降雨区（雾雨区）及淡雾水汽飘散区，而且可认为淡雾水汽飘散区是没有降雨的区域，对工程基本没有影响。

吴时强等（2008）通过模型试验发现，在整体上，随着泄洪流量、落差以及泄洪集中程度的增加，雾化区内最大雨强也增加，但对于某一点，雨强并不一定增加，因为在这个过程中，该点可能移出强暴雨区。此外陡坡也会影响雨强（临近陡坡则雨强大，远离陡坡则雨强小）；冲沟对雨强及雾流范围也有影响（当冲沟发育，而水舌入水激溅的范围又在冲沟附近时，水雾沿冲沟爬升，爬升高度较高，雨强较大，形成的径流集中从沟内下泄）。相同的泄水条件，当自然风与水舌风同向时，水舌下游雨强大；反之，则小。

王环玲和徐卫亚（2010）在对泄洪雾化机理认识的基础上，综述了学者对泄洪雾化分布范围和强度的研究进展，分别评述了每种方法的优势和不足。

王思莹等（2013）对我国泄洪雾化影响范围和强度预测的研究进行了归纳总结，对比了不同模型试验和数值分析的研究成果。认为水舌入水激溅产生的雾源是泄洪雾化的关键，雾源量的空间分布和雨滴滴谱决定了下游泄洪雾化的分布情况。通过概化模型试验，系统测量分析了在不同水力条件下，挑流水舌落入下游水体产生的雾化源区域的雨强。对泄洪雾化雾源区雨强的平面分布特征进行了研究，确定了落水点周围不同区域雾化源的形成原因和雨强平面分布规律，并对水舌落水区的区域范围和雨强分布特征随流量和水头差的变化情况进行了探索。

## 1.2　泄洪雾化对工程的影响

根据国内多个已建工程的原型观测资料，泄洪雾化对水电工程的主要影响如下。

1. 泄洪雾化的影响

1）泄洪雾化冲蚀地表、诱发滑坡、影响下游边坡的稳定。例如，1997 年，李家峡水电站泄洪时，因泄洪雾化降雨的入渗作用曾诱发大规模的山体滑坡（韩建设，1997）；1999 年，二滩水电站泄洪时，强烈的雾化降雨导致了下游岸坡的坍塌等（苏建明和李浩然，2002）。

2）泄洪雾化会淹没水电站厂房，使输变电线路放电、跳闸等，给正常运行带来困难。例如，1980 年 6 月 24 日黄龙潭水电站泄洪，导致水电站厂房被淹，停止发电 49d（韩喜俊等，2013）。

2. 泄洪雾流的影响

泄洪雾流会对枢纽建筑物（电厂）、机电设备的正常运行、两岸交通，以及坝区生态环境和周围居民的正常生活产生不利影响。

# 1.3　泄洪雾化降雨雨强

雨强是指单位时间的降雨量。有记载以来，观测到的最大自然降雨的雨强为636mm/h，大多数自然降雨的雨强不大于 11.67mm/h。气象部门建立的关于自然降雨的雨强分级标准是，对雨强不大于11.67mm/h 的自然降雨分为 5 级，将大于11.67mm/h 的自然降雨，定为特大暴雨，具体见表1.1。

表 1.1　自然降雨雨强分级

| 等级 | 雨强/（mm/h） | 等级 | 雨强/（mm/h） |
| --- | --- | --- | --- |
| 小雨 | 0.02～<0.42 | 暴雨 | 2.50～<5.83 |
| 中雨 | 0.42～<1.25 | 大暴雨 | 5.83～11.67 |
| 大雨 | 1.25～<2.50 | 特大暴雨 | >11.67 |

泄洪雾化降雨的雨强比自然降雨的雨强大得多。现有原型观测资料显示的泄洪雾化降雨雨强可以达到 5000mm/h（杜兰等，2017）。

为研究泄洪雾化的危害并找到防范措施，国内有多家相关单位根据原型观测资料从以下角度对泄洪雾化降雨雨强进行了分析。

1）首先，泄洪雾化降雨的雨强大多会超过自然降雨中特大暴雨的雨强。

2）泄洪雾化降雨对环境的影响可按气象部门的雨强标准来划分：泄洪雾化降雨达不到自然暴雨等级（小于 2.5mm/h）时，对建筑物等可不做任何特殊考虑（也就是只依据正常天气条件考虑建筑物等问题）；当达到自然降雨的暴雨及以上标准（大于等于 2.5mm/h）时，需根据雨强分区对建筑物等做泄洪雾化降雨防护处理。

3）通过原型观测资料和对泄洪雾化多年的研究表明，人在雨强为 600mm/h的雨区就会感到呼吸困难。暂以此作为人畜在雨区存活的界限。

## 1.3.1　对泄洪雾化降雨雨强的观测

有学者对国内部分已建水电站工程泄洪雾化降雨雨强的原型观测资料进行了统计，见表1.2。

表 1.2　国内部分已建水电站工程泄洪雾化降雨雨强原型观测资料

| 水电站坝型（坝高） | 泄水建筑物 | 泄洪量/（m³/s） | 泄洪雾化降雨的雨强 |
|---|---|---|---|
| 二滩双曲拱坝（240m） | 坝身7表孔、6中孔，空中碰撞消能；右岸采用2条泄洪洞，出口挑流消能 | 设计泄量：20600<br>校核泄量：23900 | 1999年进行原型观测<br>1）6中孔泄洪，雨强最大达833mm/h；7表孔泄洪，雨强最大达850mm/h；表孔、中孔联合泄洪，雨强最大达2071mm/h<br>2）1号泄洪洞全开，雨强最大达740mm/h；2号泄洪洞全开，雨强最大达950mm/h；2个泄洪洞全开，雨强最大达1000mm/h |
| 东风双曲拱坝（162m） | 坝顶3表孔，挑流鼻坎；坝身3中孔，收缩窄缝；左岸溢洪道，曲面贴角鼻坎；泄洪洞，扭鼻坎 | 设计泄量：9283<br>校核泄量：12466 | 1997年进行原型观测<br>1）溢洪道泄洪雾化降雨雨强达1851mm/h<br>2）泄洪洞泄流，雾化影响右岸部分区域<br>3）中孔泄洪雨区集中在水舌两侧岸坡，测到的最大雨强为4063mm/h。当雨强大于1680mm/h时，可见度低于4m |
| 乌江渡重力坝（165m） | 两边孔采用厂房顶溢流（滑雪道式溢流面曲线），中间4孔为厂房顶挑流式；两岸各设1条泄洪洞；坝身设有2个泄洪中孔 | 设计泄量：18360<br>校核泄量：21350 | 1982年进行原型观测<br>1）雾化范围由坝下游80m～坝下游900m，上升高度可达800m高程<br>2）观测得到雾化最大降雨强度为687.4mm/h |
| 东江双曲拱坝（157m） | 3孔洪道（滑雪道式溢流面曲线）；右岸采用窄缝式消能；左岸用扭鼻坎消能；左右2条泄洪洞 | 设计泄量：13900<br>校核泄量：24100 | 1992年进行原型观测<br>1）左岸滑雪道泄洪，雨强最大为1458mm/h，雨雾最远达坝下游800m<br>2）右岸滑雪道左孔泄洪，雨强为1894mm/h<br>3）右岸滑雪道右孔泄洪，雨强为914mm/h，影响到坝下游640m |
| 龙羊峡重力拱坝（178m） | 坝身底孔、深孔、中孔、溢洪道 | 设计泄量：7165<br>校核泄量：9534 | 1）1987年，底孔泄流量达600m³/h，雨强达230mm/h<br>2）1989年，底孔泄流量达854m³/s，雨强达100mm/h。造成右岸山体滑坡约8.7×10⁵m³，损失巨大 |

续表

| 水电站坝型<br>（坝高） | 泄水建筑物 | 泄洪量/（m³/s） | 泄洪雾化降雨的雨强 |
|---|---|---|---|
| 漫湾<br>重力坝<br>（132m） | 设有 5 个溢流表孔；左岸一个泄洪洞；双中孔；左右各一个冲沙底孔 | 设计泄量：18500<br>校核泄量：22300 | 1994 年进行原型观测<br>1）3 号表孔泄洪，浓雾沿纵向飘移至坝下游 200m<br>2）9 月 22 日下午泄洪，库水位 991.5m，泄流量 1970m³/s。由于西北风影响，右岸 500m 高程观测雾化浓度达 0.7‰～0.9‰<br>3）5 个表孔和左岸泄洪洞联合泄洪，观测到最大雨强为 115mm/h，水雾影响至坝下游 400m |
| 鲁布革<br>堆石坝<br>（103.8m） | 左岸溢洪道、左岸泄洪洞、右岸泄洪洞 | 设计泄量：6460<br>校核泄量：10880 | 1991 年进行原型观测<br>1）左岸溢洪道泄洪，观测到最大雨强为 113.7mm/h，大坝下游 600m 处的公路桥上仍有水雾<br>2）左岸泄洪洞泄洪，右岸实测最大雨强达 152mm/h，左岸实测最大雨强达 45mm/h |
| 黄龙滩<br>重力坝<br>（170m） | 中部设溢流坝、6 孔，采用梯形差动式鼻坎消能；深孔位于溢流坝左边，采用平滑鼻坎消能 | 设计泄量：13300<br>校核泄量：16600 | 1）1980 年，6 个胸墙溢流孔和深孔泄洪，泄流量达 1200m³/s，左岸厂房区被密集水雾笼罩（强降雨区），雾化降雨淹没厂房<br>2）1982 年汛期原型观测，水雾影响范围大，雨强为 78mm/h |
| 凤滩<br>重力坝<br>（112.5m） | 设 13 孔溢流堰，堰顶高 193m，采用差动式挑流鼻坎消能 | 设计泄量：29400<br>校核泄量：34800 | 1981 年进行原型观测<br>1）上游库水位 199.68m，泄流量达 12500m³/s<br>2）泄洪雾化影响范围：纵向长约 310m，横向宽 190m，最大高程达 230m，超出坝顶高程 17.5m。大坝下游两岸公路上均降暴雨，位于大坝下游约 500m 桩号处的交通桥上仍有较大水雾 |

资料来源：周辉和陈惠玲（1997）；周辉等（2005）；陈惠玲等（1990，2000）。

## 1.3.2　雾化降雨雨强的分级

参考气象部门自然降雨强度分级（表 1.1），并结合泄洪雾化降雨的特点，从工程应用的角度出发，根据泄洪雾化降雨对枢纽建筑物及周围环境的影响程度（影响后果），陈惠玲等（1995）、陈端（2008）、周辉等（2005）对泄洪雾化降雨雨强进行了分级，见表 1.3。

表 1.3　泄洪雾化降雨雨强分级

| 雨强分级 | 雨强/（mm/h） | 降雨特征及其对环境的影响 | 分级根据 |
|---|---|---|---|
| I | <5.8 | 相当于自然大暴雨以下的降雨，对待 I 级雾化降雨，可按自然降雨处理 | 参照气象研究 |
| II | 5.8～<11.7 | 相当于自然降雨的大暴雨，对待 II 级雾化降雨，可按自然大暴雨处理 | 参照气象研究 |

续表

| 雨强分级 | | 雨强/（mm/h） | 降雨特征及其对环境的影响 | 分级根据 |
|---|---|---|---|---|
| III | III-1 | 11.7～<50 | 雨强大于特大暴雨，上限已达人畜存活极限，在区域内人会感觉胸闷、呼吸不畅，可见度小于90m，该区内需限制人员活动和交通 | 600mm/h 的界限，由原型观测资料和现场测量取得 |
| | III-2 | 50～<100 | | |
| | III-3 | 100～<300 | | |
| | III-4 | 300～600 | | |
| IV | | >600 | 雨区内空气稀薄，能见度小于 4m，人畜在该区内会窒息而死 | 雨区能见度与雨强关系由原型观测资料取得 |

资料来源：陈惠玲等（1995），陈端（2008），周辉等（2005）。

1）Ⅰ级泄洪雾化降雨：雨强小于 5.8mm/h，相当于自然降雨大暴雨以下的降雨，可按自然暴雨工况考虑。

2）Ⅱ级泄洪雾化降雨：雨强 5.8～<11.7mm/h，相当于自然降雨大暴雨，可按自然大暴雨工况考虑。

3）Ⅲ级泄洪雾化降雨：雨强 11.7～<600mm/h。研究表明：这种有初速度水体落下形成的径流比自然暴雨径流更具冲刷力，需对坡面进行必要防护。其中：

① Ⅲ-1 级：雨强 11.7～<50mm/h，对于山坡一般采用砌石类保护即可。

② Ⅲ-2 级：雨强 50～<100mm/h，有多个枢纽岸坡的喷锚混凝土可承受 100mm/h 的雨强。

③ Ⅲ-3 级：雨强 100～<300mm/h，泄洪雾化降雨已相当大，处于这种雨强范围内的山坡建议采用混凝土护坡。

④ Ⅲ-4 级：雨强 300～600mm/h，泄洪雾化降雨已相当严重，山坡必须采用有一定抗冲能力的钢筋混凝土护坡。

4）Ⅳ级泄洪雾化降雨：雨强大于 600mm/h。雨区内空气稀薄，能见度低，人畜在该区内会窒息而死。

# 1.4　泄洪雾化分区

## 1.4.1　泄洪雾化区划分

泄洪雾化区的划分，目前尚未形成完全一致的认识（王思莹等，2013；杜兰等，2017）。但是，按照泄洪雾化的影响，可以将其分为泄洪雾化降雨区和泄洪雾流区。由于对工程有影响的主要是泄洪雾化降雨区，因此分区主要是针对泄洪雾化降雨区进行划分的（图 1.1）；而对于泄洪雾流区，则一般不再划分。

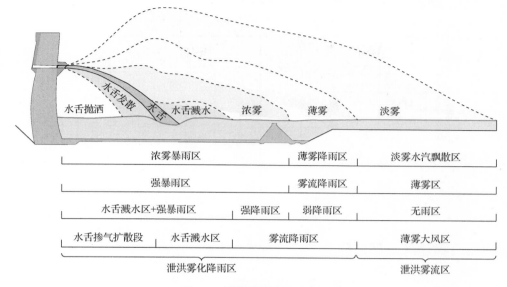

图 1.1　泄洪雾化分区示意图

泄洪雾化区的划分，主要有以下分区方法。

（1）按雨雾浓度、雨强

1）按雨雾浓度，整个泄洪雾化区划分为浓雾暴雨区、薄雾降雨区、淡雾水汽飘散区。其中，浓雾暴雨区、薄雾降雨区属于泄洪雾化降雨区，淡雾水汽飘散区属于泄洪雾流区。

2）按雨强，整个泄洪雾化区划分为强暴雨区、雾流降雨区、薄雾区。其中，强暴雨区、雾流降雨区属于泄洪雾化降雨区，薄雾区属于泄洪雾流区。

（2）按原型观测结果

按原型观测的雨强，整个泄洪雾化区划分为水舌溅水区＋强暴雨区、强降雨区、弱降雨区、无雨区。其中，水舌溅水区＋强暴雨区、强降雨区、弱降雨区属于泄洪雾化降雨区，无雨区属于泄洪雾流区。

（3）按雨雾运动形态

按雨雾运动形态，整个泄洪雾化区划分为水舌掺气扩散段、水舌溅水区、雾流降雨区、薄雾大风区。其中，水舌掺气扩散段、水舌溅水区、雾流降雨区属于泄洪雾化降雨区，薄雾大风区属于泄洪雾流区。

中南勘测设计研究院有限公司、长江科学院、北京水利水电科学研究院、中水东北勘测设计研究有限责任公司等单位对泄洪雾化进行原型观测，得到泄洪雾化影响范围的实测成果，见表 1.4。

表 1.4　泄洪雾化影响范围原型观测资料

| 水电站名称 | 最大坝高/m | 纵向影响范围/m | | 横向影响范围/m | | 高度影响范围/m | |
|---|---|---|---|---|---|---|---|
| | | 浓雾区 | 薄雾、淡雾区 | 浓雾区 | 薄雾、淡雾区 | 浓雾区 | 薄雾、淡雾区 |
| 乌江渡水电站 | 165.0 | 510 | 900 | 300 | 620 | 200 | 300 |
| 白山水电站 | 149.5 | 500 | 900 | 300 | | 150 | |
| 刘家峡水电站 | 147.0 | 500 | | | | >100 | |
| 凤滩水电站 | 112.5 | 360 | 700 | 190 | | 131 | 230 |
| 柘溪水电站 | 104.0 | 312 | 800 | 200 | | 150 | |
| 泉水水电站 | 80.0 | 180 | | 130 | | 65 | |
| 红岩水电站 | 60.0 | 130 | | | | 51 | |
| 修文水电站 | 49.0 | 120 | | 80 | | 50 | |

## 1.4.2　雾化降雨区划分

工程应用时,应考虑泄洪雾化降雨模拟、分析、评价,以及制订综合治理措施的需要;在表 1.3 的基础上,依据自然降雨雨强分级(表 1.1),对泄洪雾化降雨按雨强进行综合分区,具体做法如下。

1)将表 1.3 的 I 级泄洪雾化降雨(雨强小于 5.8mm/h),按照表 1.1 综合分级划分为 I 级大雨区(雨强 0.1~<2.5 mm/h)、II 级暴雨区(雨强 2.5~<5.8 mm/h)。

2)将表 1.3 的 II 级泄洪雾化降雨(雨强 5.8~<11.7mm/h),按照表 1.1 综合分级划分为III级大暴雨区(雨强 5.8~<11.7mm/h)。

3)将表 1.3 的III-1 级泄洪雾化降雨(雨强 11.7~<50mm/h)综合分级划分为IV级特大暴雨区(雨强 11.7~<25mm/h)、V级强暴雨区(雨强 25~<50mm/h)。

4)将表 1.3 的III-2 级~III-4 级泄洪雾化降雨(雨强 50~<600mm/h),按照综合分级划分为VI级强溅水区(雨强 50~<600mm/h)。

基于上述原则,泄洪雾化降雨区雨强的综合分级划分见表 1.5。

表 1.5　泄洪雾化降雨区雨强综合分级

| 等级 | 雨强/(mm/h) | 危害程度 |
|---|---|---|
| I 级大雨区 | 0.1~<2.5 | 一般自然大雨,对工程产生的危害很小,不易造成灾害 |
| II 级暴雨区 | 2.5~<5.8 | 比一般自然暴雨小,对工程产生的危害较小,不易造成灾害 |
| III级大暴雨区 | 5.8~<11.7 | 相当于自然降雨中的大暴雨、特大暴雨。可能会对电站枢纽运行(如交通等)造成危害 |

续表

| 等级 | 雨强/（mm/h） | 危害程度 |
|---|---|---|
| Ⅳ级特大暴雨区 | 11.7～<25 | 可见度低于 90m，在该区内限制人员活动、限制交通。会给山坡和建筑物带来较大危害，若山体有植被则危害较小 |
| Ⅴ级强暴雨区 | 25～<50 | 可见度低于 50m，在该区内限制人员活动、限制交通。会给山坡和建筑物带来较大危害，山坡坡面应有框格梁护面 |
| Ⅵ级强溅水区 | 50～<600 | 上限已达到人畜存活极限，区域内人会感觉胸闷、呼吸不畅，会给山坡和建筑物带来很大危害，山坡坡面应有护面等保护措施 |

# 1.5　小　　结

泄洪雾化降雨的雨强分级是建立在已有水电工程的原型观测基础上的。南京水利科学研究院考虑气象部门对自然降雨的分级，按雾化降雨对枢纽建筑物及周围环境的影响程度（影响后果），对泄洪雾化降雨进行了雨强分级。在某种程度上，这种分级是相对的，其实质考虑的是研究对象。如果研究对象是泄洪雾化区的边坡，则雾化降雨的雨强分级可以按照雾化降雨对边坡的影响程度，以及雾化区边坡的类型来划分。

本章介绍了泄洪雾化区的划分：按雨雾浓度、雨强的分区方法；根据原型观测结果，按降雨强度的分区方法；按雨雾运动形态的分区方法；南京水利科学研究院按雨强综合分区方法。

按雨雾浓度、雨强的分区方法和按原型观测结果及降雨强度的分区方法，适用于原型观测；按雨雾运动形态的分区方法及南京水利科学研究院按雨强综合分区方法，适用于泄洪雾化降雨模拟、分析、评价，以及制订综合治理措施的需要。

## 参 考 文 献

柴恭纯，陈惠玲，1992. 高坝泄洪雾化问题的研究[J]. 山东工业大学学报，22（3）：29-35.

陈端，2008. 高坝泄洪雾化雨强模型律研究[D]. 武汉：长江科学院.

陈惠玲，王河生，2000. 东风电站泄洪雾化原观[C]//中国水力发电工程学会水工水力学专业委员会，2000 全国水工水力学学术讨论会论文集：10-23.

陈惠玲，吴福生，周辉，等，1995. 高坝泄洪雾化及其灾害防治[R]. 南京：南京水利科学研究院.

杜兰，卢金龙，李利，等. 2017. 大型水利枢纽泄洪雾化原型观测研究[J]. 长江科学院院报，34（8）：59-63.

韩建设，1997. 李家峡水电站坝前滑坡体的变形特性及处理措施[J]. 水力发电（6）：35-37.

韩喜俊，渠立光，程子兵，2013. 高坝泄洪雾化工程防护措施研究进展[J]. 长江科学院院报，30（8）：63-69.

李旭东，游湘，黄庆，2006. 溪洛渡水电站枢纽泄洪雾化初步研究[J]. 水电站设计，22（4）：6-11.

练继建，刘昉，2005. 洪口水电站泄洪雾化数学模型研究[C]//第二届全国水力学与水利信息学学术大会论文集，10：249-253.

梁在潮，1992. 雾化水流计算模式[J]. 水动力学研究与进展，7（3）：247-255.

刘宣烈，安刚，姚仲达，1991. 泄洪雾化机理和影响范围的探讨[J]. 天津大学学报（特刊），5：30-36.

苏建明，李浩然，2002. 二滩水电站泄洪雾化对下游边坡的影响[J]. 水文地质工程地质（2）：22-25.

王环玲，徐卫亚，2010. 高坝泄洪雾雨的强度和雾流分布范围研究进展[J]. 三峡大学学报（自然科学版），32（5）：1-6.

王思莹，陈端，侯冬梅，2013a. 泄洪雾化源区降雨强度分布特性试验研究[J]. 长江科学院院报，30（8）：70-74.

王思莹，王才欢，陈端，2013b. 泄洪雾化研究进展综述[J]. 长江科学院院报，30（7）：53-58，63.

吴福生，高盈孟，1994. 鲁布革左岸泄洪洞泄流雾化原型观测研究[C]//中国水力发电工程学会，第五届全国水利水电工程学青年学术讨论会论文集：124-128.

吴福生，程和森，李章苏，等，1997. 高坝泄流雾化环境污染原体观测[J]. 水科学进展，8（2）：189-196.

吴时强，吴修锋，周辉，等，2008. 底流消能方式水电站泄洪雾化模型试验研究[J]. 水科学进展，19（1）：84-89.

肖兴斌，1997. 高坝挑流水流雾化问题研究综述[J]. 长江水利教育，14（1）：69-72.

姚克烨，曲景学，2007. 挑流泄洪雾化机理与分区研究综述[J]. 东北水利水电，25（4）：7-9.

周辉，陈惠玲，1997. 岩滩水电站表孔泄洪雾化原型观测及反馈分析[C]//中国水力发电工程学会水工水力学专业委员会主编. 97'全国大中型水工水力学学术讨论会论文集：174-185.

周辉，吴时强，陈惠玲，2005. 泄洪雾化的影响及其分区和分级防护初探[C]//第二届全国水力学与水利信息学学术大会论文集，10：89-94.

朱济祥，薛乾印，薛玺成，1997. 龙羊峡水电站泄流雾化雨导致岩质边坡的蠕变变位分析[J]. 水力发电学报，58（3）：31-42.

# 第2章 泄洪雾化范围及雨强预测

## 2.1 研 究 进 展

泄洪雾化范围及雨强的预测，主要有 3 种方法。①经验公式法：依据原型观测和物理模型试验资料，建立泄洪雾化范围与坝高关系的经验公式。泄洪雾化区按雨雾浓度、雨强进行分区。②数值模拟方法：依据各区雨雾产生机理、运动特征，采用数值模拟方法进行分析。③工程类比综合法：将数值模拟方法得到的结果，依据类似工程的原型观测资料（或物理模型试验），进行合理修正、综合取值。

由于泄洪雾化降雨受诸多因素的影响，要建立能完全反映上述因素的数学模型或物理模型几乎是不可能的。因此，需借助于工程类比综合法来确定泄洪雾化范围及雨强，具体做法：对泄洪雾化区中的水舌掺气扩散段及水舌溅水区，以数值模拟的结果为主；而对泄洪雾化区中的雾流降雨区及薄雾大风区，则是在数值模拟的基础上，结合类似工程的原型观测资料（也可以是物理模型试验结果）进行综合取值。

### 2.1.1 经验公式法

刘宣烈等（1989）对三元空中水舌掺气扩散特性进行了分析研究，试验中采用近景立体摄影和电阻式掺气仪进行测量，得到了水舌断面含水量、沿程变化以及参数间的一些关系式；同时获得了三元水舌纵、横向扩散规律，给出了判定水舌维数的准则；这为进一步研究高坝掺气水舌的运动轨迹和雾化量分析提供了条件。刘宣烈（1989）结合二滩水电站雾化问题的研究，得出对拟建工程泄洪雾化区（浓雾暴雨区、薄雾降雨区和淡雾水汽飘散区）范围（纵向范围、横向范围、高度）的估算经验公式，并认为可以根据经验公式结合电站的实际情况，预测工程枢纽区的雾化范围。刘宣烈等（1991）分析泄洪雾化的来源和雾化区的划分时，指出雾化源主要来自水舌落水附近的喷溅，并探讨入了水喷溅的机理，给出了重力、空气阻力和水舌风作用下喷溅的纵向距离和横向喷溅宽度的数学表达式，进而确定了喷溅范围和强度，分析了提出雾化范围的预估算式。

梁在潮（1992）提出了雾化水流的一个计算模型，得出雾化水流的计算公式。梁在潮（1996）认为，水舌的掺气量是雾化的主要来源之一，水舌的掺气量主要受重力和空气阻力影响。可根据水舌运动方程、水舌掺气浓度的沿程发展等研究溅水影响区范围，提出溅水水滴溅抛纵向长度和横向宽度的计算公式。

李渭新等（1999）根据所搜集到的雾化原型观测资料以及部分模型试验资料，在综合分析影响雾化范围的各种因素的基础上，探讨了泄洪雾化降雨区范围的粗估方法，给出了雾化降雨区长度与宽度的粗估公式。

柴恭纯和陈惠玲（1992）对雾化现象的模拟技术进行了探讨，提出从 3 个方面进行雾化模型模拟的准则和方法。黄国情等（2008）根据二滩、安康、岩滩和小湾等工程的泄洪雾化物理模型试验和原型观测雾化资料，得出了用物理模型来研究高坝泄洪雾化的规律；并据此设计溪洛渡水电站泄洪雾化模型，试验得出溪洛渡水电站不同工况下的雾化雨强分布，为工程防护提供了科学依据。吴时强等（2008）采用大比尺模型试验方法研究向家坝水电站泄洪雾化问题，利用类似消能工的湾塘水电站泄洪雾化原型观测成果，反馈分析了雾化模型尺度效应，得到了雾化量的相似律，并预测和评价了向家坝水电站泄洪雾化影响。周辉等（2008）对不同消能工的泄洪雾化进行了对比，并依据大量泄洪雾化模型试验研究和泄洪雾化原型观测资料分析得出宽尾墩泄洪雾化影响介于底流消能和挑流消能之间的结论。周辉等（2009）根据乌江渡水电站泄洪雾化原型观测资料，通过系列模型试验研究分析了水流雷诺数 $Re$ 和韦伯数 $We$ 对泄洪雾化降雨强度的影响，对泄洪雾化雨强的模型试验值与原型观测结果之间的相似关系进行了探索，研究了雾化降雨影响区域的不同比尺模型试验测试结果之间的几何相似性。

刘昉等（2010）通过专项溅水模型试验研究，得到了泄洪雾化范围的雨强等值线图。在所得试验数据的基础上，应用线性最小二乘法推出雾化溅水区纵向范围的估算式，并分析了影响溅水区范围的一些主要因素，如水头、入水角、挑坎形式、水垫塘形式等。分析表明：水头对雾化范围影响最大、入水角次之、挑坎形式的影响最小，并且狭窄河谷中的雾化问题比宽阔河谷严重得多。这些研究成果对深入了解泄洪雾化机理、正确设计物理模型试验和设置数值模型参数有很重要的指导意义。

### 2.1.2　数值模拟方法

在分析计算方法上，刘士和和梁在朝（1997）在已有雾化研究成果的基础上，对挑流雾化问题进行了深入研究，建立了新的挑流雾化计算数学模型，该模型重点考虑了水舌段掺气散裂射流的特性、雾化流的雾流源量及雾流的侧向扩散等关键问题。

吴持恭和杨永森（1994）应用水相紊动扩散方程和自模性理论，对二维及三维空中自由射流的断面含水量分布进行了理论探讨，并提出了计算公式，计算结果与实测资料吻合良好。

张华等（2003）根据底流消能泄流雾化的机理，应用量纲分析方法，得到水雾雾源量的计算关系式；在雾源为连续线源和风向为任意风向的条件下，利用高斯扩散方程，研究了水雾在峡谷内的扩散规律；结合雾雨自动转换过程、碰并过程、雾滴的凝结和蒸发过程，得到雾源下游流场水雾浓度、温度、相对湿度和降水强度的分布；并对湾塘水电站底流消能雾化进行了数值计算，其计算结果与原型观测数据相比基本上一致。张华等（2003）以初始抛射速度、出射角、偏移角和水滴直径等 4 个物理量为随机变量，建立了水滴随机喷溅的数学模型，并应用龙格-库塔（Runge-Kutta）法和蒙特-卡罗（Monte-Carlo）法求得挑流泄洪雾化的地面降雨强度。最后给出了一个工程实例，其雨强的计算值与原型观测值变化趋势基本一致。张华和练继建（2004）考虑重力、浮力和阻力作用，建立了掺气水舌运动微分方程，并应用四阶龙格-库塔法得到其数值解；最后将挑流水舌外缘挑距计算值与原型观测值做了对比，其最大相对误差为 3.4%。

随机喷溅（溅水）数学模型将水舌入水喷溅源进行空间离散，采用水滴运动微分方程描述每个水滴在空中的运动，输入水滴喷射参数，运用随机函数模拟水滴连续喷射条件，在降落地点将水滴的水量累加到地面网格，统计求得地面雨强分布。该模型可较好地反映水舌入水形态对下游雾化降雨的影响，同时考虑了飞行水滴与空气间的相对速度，可以反映自然风场对雾化降雨分布的影响。柳海涛等（2016）采用随机喷溅数学模型，对两河口水电站泄洪雾化降雨进行了数值模拟，分析了泄洪条件与河谷地形对雾化降雨分布的影响。刘志国等（2018）采用随机喷溅数学模型，对丰满水电站重建工程中的挑流消能方案，进行了泄洪雾化降雨数值模拟。齐春风等（2017）采用随机喷溅数学模型，结合蒙特-卡罗法考虑环境风和地形因素，对玛尔挡水电站在水舌风和汛期最不利自然风两种情况下 3 个典型工况的雾化情况进行了计算和分析。

柳海涛等（2010）通过理论分析与推导，提出一种模拟雾化远区输运与沉降的三维数值模型。运用气象学中雨滴谱函数与水滴沉降速度的概念，导出雨雾浓度与降雨强度之间的相互转换关系，使其可与雾化近区数学模型进行浓度边界耦合；并应用该模型对瀑布沟水电站泄洪洞的雾化降雨分布进行模拟，计算结果与真实的物理规律较为吻合。

陈辉等（2013）建立了挑流泄洪雾化数学模型，将雾化区分为雾化降雨区和雾流扩散区，分别适用挑流溅水区雾化降雨数学模型和雾流扩散区雾化降雨数学模型。同时，他们给出了数学模型的控制方程及初始条件和边界条件。

随着对泄洪雾化认识的加深，近年来也出现了一些新的研究方法。周辉和陈慧玲（1994）运用模糊数学理论，根据鲁布革水电工程 1992 年泄洪雾化原型观测资料，提出了挑流泄洪雾化的模糊综合评判模式和评价方法，可用于分析和预测雾化降雨强度和影响范围。戴丽荣等（2003）引入人工智能方法，以反向传播神经网络为基础，建立了挑流泄洪雾化神经网络模型，并用网络模型预测出拉西瓦水电站不同水位和泄洪量下的雾化影响范围，得出了泄洪雾化是泄洪量、水位差、泄洪孔口形式等多因素相互作用的结果，认为其具有明显的非线性输入、输出关系。

杜兰等（2017）对金沙江下游溪洛渡水电站大坝深孔泄洪时雾化影响范围、雨强分布、气象特性等进行了重点观测研究。结果表明：溪洛渡水电站深孔泄洪雾化降雨强度分布呈现局部降雨强度大、雨强沿纵向及岸坡方向递减速度快的特点。

### 2.1.3　工程类比综合法

雾化模型试验受到缩尺效应的影响，有可能对降雨及雾流影响的预测出现偏差，通过工程类比的方法对物理模型预测结果进行分析比较，可以进一步检测或校验模型成果的合理性。

陈端等（2008，2007）通过1∶55的物理模型试验和工程类比分析，对构皮滩工程大坝泄洪雾化引起下游局部强降雨进行了研究，对雨强及影响范围进行了预测，并解释了构皮滩工程雾化降雨局部雨强大、雨强变化快以及两岸雨强分布不对称的特点。物理模型研究成果与经验公式计算和工程类比成果基本一致。

四川大学水力学与山区河流开发保护国家重点实验室（2008）依据数值模拟结果和原型观测资料及工程类比法综合分析，得到石垭子水电站泄洪雾化分布（采用南京水科院泄洪雾化分级分区标准）。

罗福海等（2009）通过1∶50的泄洪雾化模型试验、经验公式计算结果和同类工程原型观测或模型试验资料类比分析，确定了水布垭水电站泄洪雾化的影响范围，在此基础上，按保证率 $P = 1\%$ 的泄洪标准，确定了安全的防护范围，提出了分级、分区的防护措施。

刘惠军等（2008）在参考已有水电站泄洪雾化问题的基础上，采用工程类比法和公式计算得到的大值作为雾化影响范围。王劲等（2014）根据泄洪雾化范围估算的经验公式，对比二滩水电站等重大水电工程设计所采用的雾化范围，确定水电站的泄洪雾化范围。

## 2.2　泄洪雾化的机理及影响因素

泄洪雾化现象是由水电站的泄洪高速水流消能而产生的。水利水电工程泄洪消能主要有两种方式，即底流消能和挑流消能。严重的泄洪雾化是由挑流消能引起的，而底流消能导致的泄洪雾化很轻微。

20世纪60年代以前，国内外以中、低水头水利枢纽工程为主，泄洪消能主要采用底流消能的方式；20 世纪 60 年代以后，新建水利枢纽以中、高水头为主，坝高、水头、单宽流量均有大幅度增加，泄洪消能方式以挑流消能为主。

我国目前大部分大型水电站，如三峡水利枢纽、小湾、龙滩、溪洛渡、糯扎渡、白鹤滩等均采用以挑流消能为主的泄洪消能方案，泄洪雾化严重。一般而言，泄水建筑物在泄洪时，高速水流都将产生雾化降雨，这种非自然降雨对坝区交通、下游岸坡稳定、电厂输变线路的安全、下游正常的工农业生产及附近居民的日常生活等常构成一定的威胁与影响。尤其是高水头、大流量的水电工程，其泄洪雾化的规模与危害十分惊人。因此，泄洪雾化降雨是目前水利水电建设中备受关注的热点问题和关系到工程安全的重大研究课题之一。

## 2.2.1　泄洪雾化的机理

刘宣烈等（1991）、姚克烨和曲景学（2007）认为，泄洪雾化的来源主要有两个：一是来自水舌空中掺气扩散，二是来自水舌入水喷溅。王思莹等（2013, 2015）通过概化模型试验，利用高速摄影等测量手段，对不同水力条件下挑流水舌落水产生泄洪雾化的过程、落水点周围不同区域雾化源的形成原因和降雨强度平面分布规律进行了研究。

### 1. 水舌空中掺气扩散

挑流消能时，挑至空中的高速泄流水舌受周围空气的影响，水流内部产生紊动，表面产生波纹，在表面涡体跃移及水面波失稳条件下，迅速掺气、扩散，导致部分水体失稳、脱离水流主体，碎裂成水滴，其中大粒径水滴降落形成降雨（抛洒降雨），小粒径水滴悬浮在空中成为雾。

刘宣烈等（1989）原型观测结果表明，水舌从鼻坎挑流射出后，在空气中充分掺气扩散，外观如白色棉絮，水舌边缘不断有水滴和水汽逸出。水舌掺气后不再是单相流，而是水、气两相混合流。王思莹等（2013）的概化模型试验表明，水舌空中掺气扩散形成的抛洒雾源，作用在落水区及其上游，降雨强度沿横向断面内呈双峰分布，沿纵向断面呈单调递增的分布趋势。

### 2. 水舌入水喷溅

水舌落入下游河床内，与下游水体相互碰撞，产生喷溅，飞溅出的水滴受到重力、空气阻力和坝后风速场的影响斜向抛射并在射流入水点附近区域内降落，形成溅激斜抛降雨（溅雨）；喷溅过程中产生的大量小粒径水滴悬浮在空中形成浓雾，浓雾受到坝后风速场的影响，不断扩散、飘逸形成雾流，雾流向四周逐渐扩展变淡，雨强随之减小。

水舌入水喷溅现象可分为 3 个阶段，即撞击阶段、溅水阶段和流动阶段。

1）撞击阶段：水舌与下游水垫接触，由于表面张力作用产生类似两种物体相撞现象。这种撞击将引起一个短暂的近似于水中声速辐射出去的高速激波，使水舌落水处周围的水面升高，同时在水舌与水面接触处有较大的撞击力，它将改变水舌的速度并产生喷溅。

2）溅水阶段：由于下游水垫的压弹效应和表面张力作用，一部分水体抛向下游及两岸，它们在水舌风的影响下进一步碎裂、抛散形成水滴和云雾。由于水体喷溅是随机的，不会有恒定的喷溅轨迹和喷溅距离，而是形成一定的喷溅范围。喷溅距离主要取决于喷溅出射角、初始起抛速度、喷溅水滴的大小、空气阻力以及水舌风的大小。

3）流动阶段：紧接在撞击之后，下游水体被掺气水舌带入运动状态，流动阶段开始，掺气水舌进入下游水垫时，水舌周围边界将卷掺空气带入水内，由自由抛射转为淹没射流。由于水流的强烈紊动，卷掺两侧水体，水舌将继续扩散，断面逐渐加大，流速不断降低，临底水舌弯曲，两侧形成大漩涡，能量大部分在水垫中消耗。

王思莹等（2013，2015）的概化模型试验表明，水舌入水喷溅产生的激溅雾化源，作用在落水区及其下游，雨强沿横向断面呈单峰对称分布，沿纵向断面呈单调递增的分布趋势。激溅雾源的形成与水舌入水导致的下游水体表面周期性壅水形成、破裂、消落的过程密切相关。

## 2.2.2　泄洪雾化的影响因素

通过试验，梁在潮等（2000）研究了下游地形（包括河床地形及两岸地形）对泄洪雾化的影响，具体如下。

### 1. 下游河床地形的影响

下游河床地形对水舌下落引起溅水有影响。如果下游有足够的水深，则水舌溅水为水滴反弹溅抛；如果下游水深不足，水舌直接冲击河床，溅水远大于水滴反弹溅抛的距离。

### 2. 下游两岸地形的影响

原型观测和风洞试验表明，下游两岸如有以下 3 种地形，将会对泄洪雾化产生影响。

（1）下游河流在影响范围内转弯所产生的影响

下游河流转弯造成泄洪雾化水汽流受阻，具体如下：一方面，与雾流运动方向所对的山坡将迫使雾流抬升；另一方面，在转弯之前的河谷范围内，由于雾流扩散受阻，积聚在该范围内的雾流将形成降雨。

（2）两岸河谷窄于雾流宽度所产生的影响

两岸河谷窄于雾流宽度的地形将使雾流压缩，产生狭管效应，狭口的雾流速度增加，部分雾流沿山坡爬升，使两岸边坡大面积处于降雨状态。

（3）影响范围内两岸有两端开口的峡谷所产生的影响

在两岸有两端开口的峡谷的地形中，雾流将在山谷风的作用下向山谷方向移动和扩散。

李旭东等（2006）在对国内近几十年来泄洪雾化模型试验及理论分析，以及类似工程的原型观测资料研究的基础上，认为泄洪雾化的强弱与运动范围，既取决于泄洪水力条件、边界条件，又受地形条件、气象条件等因素影响，情况较复杂，影响因素主要如下。

1）上游、下游水位差：影响水舌在挑坎处的初速和入水流速。随着水位差的增大，雾化越发严重。

2）泄流流量：上游、下游落差相同时，泄流流量越大，能量越多，雾化越严重。

3）挑坎高程：当上游、下游水位差相同时，挑坎高程低者，水舌流速快、紊动度大、掺气剧烈，雾化严重。

4）水舌碰撞的影响：一般，抛射挑流水舌与碰撞水舌在相同水位落差时，对雾化现象的影响不同，后者较大。

5）挑坎形式：其形式较多，如连续式、差动式、扭曲式、双曲式、窄缝式、宽尾墩、加分流墩、分流齿等较多。纵、横扩散好的挑流鼻坎，可增加水舌在空中的消能率，但也会加重泄洪雾化程度。

6）地形、地貌：对雾化的影响主要体现在近坝区两岸山坡峰壑、坡度及河道形态等因素。河道开阔，水雾容易消散，雨雾爬升较低；河谷狭窄，雨雾爬升则高。

7）气象：气象因素对雾化的影响也比较明显，风力、风向会影响雾流的漂移和扩散，而风力大小和风向又受水力条件、河谷地形、温差等多种因素影响。

杨名玖等（2007）根据原型观测成果，将泄洪雾化的影响因素分为两大类，具体如下。

1）水力学条件：包括水舌出射流速、水舌入水流速、入水角、入水范围、泄量、落差、水舌空中碰撞情况、闸门运行方式、挑坎布置形式及尺寸、挑坎高度等。

2）自然条件：地形方面包括坝址区河谷形态、岸坡坡度、岸坡高度；气象方面包括河谷中的风速、风向、气温、日照、蒸发量等。

# 2.3　泄洪雾化范围估算的经验公式

采用按雨雾浓度及雨强的泄洪雾化分区（即浓雾暴雨区、薄雾降雨区、淡雾水汽飘散区），刘宣烈等（1989，1991）对水舌的空中掺气扩散及入水喷溅进行了研究，并依据原型观测和物理模型实验进行修正，从而得出经验公式；梁在潮（1996）分析了雾化水流溅水区的特性，建立了溅水影响范围的计算公式。

## 2.3.1　水舌空中掺气扩散雾化

刘宣烈等（1989，1991）对泄洪雾化中水舌空中掺气扩散雾化进行了理论探讨，认为在无射流空中碰撞情况下，水舌入水喷溅引起的雾化，才是泄洪雾化的主要雾化源。

1. 空中掺气水舌的运动轨迹

水舌掺气后，成为水气两相混合流。其运动轨迹方程为

$$y = x\tan\beta_{\mathrm{p}} - D_{\mathrm{a}}\frac{gx^2}{2V_{0x}^2} \tag{2.1}$$

式中，$\beta_{\mathrm{p}}$ 为水舌的出射角；$V_{0x}$ 为水舌初始流速的水平分量；$g$ 为重力加速度；$D_{\mathrm{a}}$ 为掺气水舌影响系数，其表达式为

$$D_{\mathrm{a}} = \left[1 + \frac{\rho_{\mathrm{a}}C_f F r_0^{2+n}}{\alpha_1\rho_{\mathrm{w}}}\eta(\beta_{\mathrm{p}})\right]^{2/(3+1.5n)} \tag{2.2}$$

式中，$Fr_0$ 为水舌出口弗劳德数；$\eta(\beta_{\mathrm{p}})$ 为水舌出射角的函数；$C_f$ 为空气阻力系数；$\rho_{\mathrm{a}}$、$\rho_{\mathrm{w}}$ 分别为空气密度及水的密度；$\alpha_1$、$n$ 分别为待定的系数，刘宣烈等依据实验结果，取 $n = 5/3$。

空中水舌可视为水气两相流在重力和空气阻力作用下的抛射运动。考虑掺气及空气阻力时，两相流水舌的运动轨迹为抛物线。

2. 水舌厚度

水舌厚度 $h_{\mathrm{t}}$ 的计算公式为

$$h_{\mathrm{t}} = h_{\mathrm{t0}} + 0.04s_{\mathrm{t}} \tag{2.3}$$

式中，$s_{\mathrm{t}}$ 为水舌入水前总轨迹长度，即流程；$h_{\mathrm{t0}}$ 为水舌初始厚度，取挑坎出口处水深。

3. 平均流速

平均流速 $\overline{V}$ 的计算公式为

$$\begin{cases} \overline{V} = 0.9974 V_{\mathrm{m}} \dfrac{\displaystyle\int_0^{\sqrt{2K_{\mathrm{v}}}} \mathrm{e}^{-\frac{1}{2}t^2}\,\mathrm{d}t}{\sqrt{2K_{\mathrm{v}}}} \\[4mm] K_{\mathrm{v}} = -\ln\left(0.915 - 0.0021\dfrac{s_{\mathrm{t}}}{h_{\mathrm{t0}}}\right) \end{cases} \tag{2.4}$$

式中，$V_{\mathrm{m}}$ 为水舌轴线处速度；$K_{\mathrm{v}}$ 为水舌空中流速系数的对数的负值。

4. 水舌的挑距

水舌的挑距 $L_{\mathrm{b}}$ 的计算公式为

$$L_{\mathrm{b}} = \frac{\Phi_{\mathrm{d}}^2 z_1 \sin 2\beta_{\mathrm{p}}}{D_{\mathrm{a}}}\left(1 + \sqrt{\frac{D_{\mathrm{a}}(z_2 + z_3)}{\Phi_{\mathrm{d}}^2 z_1 \sin^2 \beta_{\mathrm{p}}}}\right) \tag{2.5}$$

式中，$\Phi_{\mathrm{d}}$ 为坝面流速系数；$z_1$ 为上游水位至鼻坎的高差；$z_2$ 为鼻坎至下游水位的高差；$z_3$ 为下游水位至冲坑最深点的高差。

5. 水舌入水前总轨迹长度

水舌入水前总轨迹长度 $s_{\mathrm{t}}$ 的计算公式为

$$s_{\mathrm{t}} = \frac{1}{4a}\left[(2ax + b)\sqrt{A} - b\sqrt{c}\right] - \frac{b^2 - 4ac}{8a^{1.5}}\ln\frac{ax + b + 2\sqrt{aA}}{2\sqrt{ac} + b} \tag{2.6}$$

其中，

$$a = \frac{D_{\mathrm{a}}^2 g^2}{V_{0x}^4} \quad ; \quad b = -2\frac{D_{\mathrm{a}} g}{V_{0x}^2}\tan \beta_{\mathrm{p}} \quad ; \quad c = 1 + \tan \beta_{\mathrm{p}}$$

$$A = ax^2 + bx + c$$

式中，$a$、$b$、$c$ 为系数。

6. 平均含水量

平均含水量 $\overline{C}_{\mathrm{w}}$ 的计算公式为

$$\overline{C}_{\mathrm{w}} = \frac{q_{\mathrm{w}}}{h_{\mathrm{t}}\overline{V}} \tag{2.7}$$

式中，$q_{\mathrm{w}}$ 为单宽纯水流量；$h_{\mathrm{t}}$ 为水舌厚度（含水量 $C_{\mathrm{w}}^{\mathrm{v}} = 1\%$ 或掺气量 $C_{\mathrm{a}} = 99\%$ 处）。

7. 最大含水量

最大含水量 $C_{\mathrm{wmax}}$ 的计算公式为

$$C_{\mathrm{wmax}} = \frac{\overline{C}_{\mathrm{w}}}{0.494} \tag{2.8}$$

8. 沿程水舌断面含水量垂向分布 $C_{\mathrm{w}}^{\mathrm{v}}$

沿程水舌断面含水量垂向分布 $C_{\mathrm{w}}^{\mathrm{v}}$ 的计算公式为

$$C_{\mathrm{w}}^{\mathrm{v}}(\xi) = C_{\mathrm{wmax}}\, \mathrm{e}^{-0.69316\left(\frac{\xi}{h_{1/2}}\right)^2} \tag{2.9}$$

式中，$\xi$ 为 $s$ 法向坐标轴，其交点在水舌中心线上；$h_{1/2}$ 为 $C_{\mathrm{w}}^{\mathrm{v}} = C_{\mathrm{wmax}}/2$ 处 $\xi$ 的值，称为半值宽。

9. 混掺区厚度

混掺区厚度 $H_{\mathrm{wa}}$ 的计算公式为

$$H_{\mathrm{wa}} = h_{1/2}\sqrt{\ln\left(\frac{h_{\mathrm{t}}\overline{V}}{q_{\mathrm{w}}}\right) - 3.700952} \tag{2.10}$$

10. 雾化区厚度

雾化区厚度 $H_{\mathrm{aw}}$ 的计算公式为

$$H_{\mathrm{aw}} = y - H_{\mathrm{wa}} = \left[\left(\frac{1}{\alpha(Fr_0)} - 1\right)^{1/6} - 1\right]H_{\mathrm{wa}} \tag{2.11}$$

式中，$\alpha(Fr_0)$ 随出口处的弗劳德数变化。

11. 雾化区含水量 $C_{\mathrm{w}}$ 分布

雾化区含水量 $C_{\mathrm{w}}$ 分布的计算公式为

$$C_{\mathrm{w}} = C_{\mathrm{wk}}\left(1 - \frac{2}{\sqrt{\pi}}\int_0^{\eta} \mathrm{e}^{-\eta^2}\,\mathrm{d}\eta\right) \tag{2.12}$$

式中，$\eta = \dfrac{\xi}{\sqrt{2\sigma}}$，$\sigma$ 为表面张力系数；$C_{\mathrm{wk}}$ 为混掺区上限的临界含水量。

12. 单宽含水量

单宽含水量 $q_{\mathrm{q}}^*$ 的计算公式为

$$q_{\mathrm{q}}^* = \int_0^{H_{\mathrm{aw}}} U_{\mathrm{a}} C = \int_0^{H_{\mathrm{aw}}} U_{\mathrm{a}} C_{\mathrm{wk}}\left(1 - \frac{2}{\sqrt{\pi}}\int_0^{\eta} \mathrm{e}^{-\eta^2}\,\mathrm{d}\eta\right)\mathrm{d}y \tag{2.13}$$

式中，$U_{\mathrm{a}}$ 为风速。

13. 空中掺气水舌的雾化量

水舌自身雾化是由水舌断面含水量低于某一临界值后产生的，若用 $\zeta_k$ 表示临界含水量，则在空中掺气水舌中小于 $\zeta_k$ 含水量部分即为可雾化量。当水舌断面含水量、水舌厚度和水舌轨迹长度已知时，便可求得水舌总的雾化量占总水量的比重。

设 $\varsigma$ 为空中掺气水舌雾化百分比，则有

$$\varsigma = \frac{1}{(s_t/h_{t0})} \int_{s_{tf}/h_{t0}}^{s_t/h_{t0}} \zeta(y_K) \mathrm{d}(s/h_{t0}) \qquad (2.14)$$

式中，$s_t$ 为水舌入水前总轨迹长度；$s_{tf}$ 为开始雾化断面至鼻坎出口的水舌曲线长度；$\zeta(y_K)$ 为断面可雾化量与断面单位时间内总水量之比，或称断面可雾化百分比；$h_{t0}$ 为水舌初始厚度。

刘宣烈等（1991）注意到 $\zeta(y_K)$ 与 $s/h_{t0}$ 之间呈线性关系，求解出混掺区不同临界含水量 $C_{wk}$ 下，空中掺气水舌雾化百分比 $\varsigma$，见表 2.1。

表 2.1　不同临界含水量 $C_{wk}$ 下的空中掺气水舌雾化百分比 $\varsigma$

| 临界含水量 $C_{wk}$ | $Fr_0 = 5.02$ | $Fr_0 = 4.02$ | $Fr_0 = 3.49$ | $Fr_0 = 3.15$ |
|---|---|---|---|---|
| 0.15 | 3.35 % | 3.59 % | 4.56 % | — |
| 0.10 | 1.91 % | 1.98 % | 2.60 % | 2.90 % |
| 0.05 | 0.60 % | 0.61 % | 0.75 % | 1.13 % |

由表 2.1 可以看出，空中掺气水舌雾化源所产生的雾化量很小。因此，水舌落水喷溅产生的雾化量是泄洪雾化的主要雾化源。

水舌掺气扩散段即为水舌入水前的空中水舌段。对于水舌掺气扩散段，利用上述半经验半理论公式，可预测水舌厚度（$h_t$）、平均流速（$\overline{V}$）、平均含水量（$\overline{C}_w$）、最大含水量（$C_{wmax}$）沿程水舌断面含水量垂向分布（$C_w^v$）、混掺区厚度（$H_{wa}$）及雾化区厚度（$H_{aw}$）、雾化区含水量（$C_w$）分布及单宽含水量（$q_q^*$）；同时可计算考虑空气阻力影响的水舌中心轨迹线等。

## 2.3.2　基于原型雾化观测的经验公式

刘宣烈等（1991）对一些已建工程的原型雾化观测资料进行了统计分析，提出雾化降雨范围估算的经验公式。

$$\begin{cases} \text{纵向范围：} & L_{\text{浓雾区}} = (2.2 \sim 3.4)H \quad ; \quad L_{\text{薄雾+淡雾区}} = (5.0 \sim 7.5)H \\ \text{横向范围：} & B_{\text{浓雾区}} = (1.5 \sim 2.0)H \quad ; \quad B_{\text{薄雾+淡雾区}} = (2.5 \sim 4.0)H \\ \text{竖向范围：} & T_{\text{浓雾区}} = (0.8 \sim 1.4)H \quad ; \quad T_{\text{薄雾+淡雾区}} = (1.5 \sim 2.5)H \end{cases} \qquad (2.15)$$

式中，$H$ 为最大坝高。

　　严格讲，雾化降雨分布范围估算的经验公式，在水力条件、边界条件、气象条件和运行条件均相似的情况下方可引用，完全相似条件的工程是不存在的，但基本满足条件的工程是存在的。上述估算的经验公式的资料统计中注意到高水头、大流量、窄河谷水电工程的特点，因此龙羊峡可近似地引用上述估算的经验公式。

### 2.3.3　雾化水流溅水区范围的计算公式

　　水舌入水的溅水区是泄洪雾化的暴雨中心。当工程泄洪时，实测到的溅水区雨强超过 700mm/h。两岸边坡若处于溅水区，则必须防护加固。

　　1. 刘宣烈等导出的水舌入水喷溅纵、横向距离

　　刘宣烈等（1989，1991）推导出水舌入水喷溅的纵、横向距离（即溅水区的纵向长度、横向宽度）的数学表达式，并与大比尺模型实测值进行了对比，结果表明两者较为相近。

　　水舌入水喷溅运动可视为水块的反弹溅射运动，其喷溅水体类似于质点斜抛运动。通过建立考虑重力、空气阻力和水舌风作用的动力方程，来计算喷溅水体的纵、横向距离。

　　（1）入水喷溅纵向距离

　　水舌入水喷溅纵向距离（从入水点算起）为

$$L = \frac{2U_f}{\sqrt{2g}} \arctan\left( u_0 \sqrt{\frac{E}{g}} \sin \beta_0 \right) + \frac{1}{E}\left[ 1 + 2\sqrt{\frac{E}{g}}(u_0 \sin \beta_0 - U_f) \arctan\left( u_0 \sqrt{\frac{E}{g}} \sin \beta_0 \right) \right]$$

$$\text{(2.16)}$$

式中，$U_f$ 为水舌风速；$u_0$ 为水舌入水溅射初速度；$\beta_0$ 为水舌入水溅射初始抛射角；$E = (\rho_a C_f)/(\rho_w d)$，$d$ 为水滴直径，$\rho_a$、$\rho_w$ 分别为空气密度和水密度，$C_f$ 为空气阻力系数；$g$ 为重力加速度。

　　（2）入水喷溅横向距离

　　水舌入水喷溅横向距离为

$$B = \frac{2}{E} \ln\left[ 1 + 2u_0 \sqrt{\frac{E}{g}} \cos \beta_0 \sin \alpha \arctan\left( u_0 \sqrt{\frac{E}{g}} \sin \beta_0 \right) \right] \quad \text{(2.17)}$$

式中，$\alpha$ 为水滴运动方向与 $x$ 轴（平行于水流中心线）的夹角。

　　2. 梁在潮导出的水舌入水喷溅纵、横向距离

　　梁在潮（1996）分析了雾化水流溅水区的特性，建议溅水区的估算用考虑水

舌风影响的溅水水滴溅抛运动方程计算，并推导了溅水影响范围的计算公式。

挑出的水舌表面掺气并扩散，纯水的水舌核逐渐减小，掺气部分逐渐加厚；水舌到达下游入水点时，水舌外缘基本上成为碎裂的掺气水块，因而水舌入水形态大致可分为两种：①水核部分，以跌水的形式进入下游水垫，并在两侧形成漩滚；②水舌外缘的破碎水块，由于水体具有较强的压弹效应，该部分不完全进入下游水垫，大部分反弹成为溅激水块向下游抛射，而且在高速水舌风作用下，进一步破裂成溅水水滴，水滴向四周抛射形成溅水区。

溅水反弹水滴抛射初速度 $u_{wd0}$ 为

$$u_{wd0} = \frac{u_{wdi} \cos \beta_{wdi} - u_{wdr} \cos \beta_{wdr}}{\cos \beta_{wd0}} \tag{2.18}$$

式中，$u_{wdi}$ 为水滴的入射速度；$u_{wdr}$ 为水滴的折射速度；$\beta_{wdi}$ 为水滴的入射角；$\beta_{wd0}$ 为水滴的反射角；$\beta_{wdr}$ 为水滴的折射角。

由于研究的是掺气水块与下游水面的碰撞反弹运动，它不可能是完全弹性的，因而引进一个参数 $e_c$ 来反映非完全弹性碰撞，即耗散碰撞，并将 $e_c$ 称之为耗散参数，其表达式为

$$e_c = \frac{u_{wd0} \cos \beta_{wd0} - u_{wdr} \cos \beta_{wdr}}{u_{wdi} \cos \beta_{wdi}} \quad , \quad e_c \in (0, 1) \tag{2.19}$$

由式（2.19）得出反弹水质点的运动初速度 $u_{wd0}$ 为

$$u_{wd0} = \frac{e_c u_{wdi} \cos \beta_{wdi} + u_{wdr} \cos \beta_{wdr}}{\cos \beta_{wd0}} \tag{2.20}$$

由式（2.18）、式（2.20）得出折射水质点的运动速度 $u_{wdr}$ 为

$$u_{wdr} = \frac{u_{wdi}(1 - e_c) \cos \beta_{wdi}}{2 \cos \beta_{wdr}} \tag{2.21}$$

试验发现，水舌入水的折向偏转角一般不大，可近似认为 $\beta_{wdi} = \beta_{wdr}$，将式（2.21）代入式（2.18），则反弹水质点运动初速度 $u_{wd0}$ 为

$$u_{wd0} = (u_{wdi} - u_{wdr}) \frac{\cos \beta_{wdi}}{\cos \beta_{wd0}} = \frac{(1 + e_c)}{2} \frac{\cos \beta_{wdi}}{\cos \beta_{wd0}} u_{wdi} \tag{2.22}$$

式中，水滴的反射角 $\beta_{wd0}$ 与水滴的入射角 $\beta_{wdi}$ 有关；耗散系数 $e_c$ 与水舌入水的水力特性和下游水垫深度等因素有关。其中，水滴的反射角 $\beta_{wd0}$ 和 $e_c$ 可通过试验确定。

反弹溅抛的水滴，受重力、浮力、空气阻力和水舌风的影响。假定：溅水水滴的粒径保持稳定，水滴形状为球形。

空气对水滴的阻力 $F_D$，在两相流中可表示为

$$F_D = -\frac{\pi}{2} r^2 C_D \rho_a \Delta u_f^2 = -\frac{4\pi}{3} r^3 k \rho_w \Delta u_f \tag{2.23}$$

式中，$\Delta u_f$ 为空气与水滴的相对速度；$\rho_w$ 和 $\rho_a$ 分别为水及空气的密度；$C_D$ 为空气阻力系数；$r$ 为水滴的半径；$k$ 为动量传递时间常数，化简式（2.23）得

$$k = \frac{3 C_D}{8 r} \frac{\rho_a}{\rho_w} \Delta u_f$$

为了工程计算方便，并保持工程要求的精度，只考虑重力、空气阻力和水舌风对溅水水滴溅抛运动的影响，不考虑浮力。$u_x, u_y, u_z$ 分别为水滴抛射运动的各速度分量，$x$ 为水流的方向，$y$ 为铅垂方向，$z$ 分别垂直于 $x$、$y$，则溅水水滴的溅抛运动方程可写成：

$$\begin{cases} \dfrac{d^2 x}{dt^2} = -k(U_f - u_x) \\[2mm] \dfrac{d^2 y}{dt^2} = -g - k u_y \\[2mm] \dfrac{d^2 z}{dt^2} = -k u_z \end{cases} \quad （2.24）$$

设溅水水滴运动方向与 $x$ 方向的夹角为 $\alpha$，初始条件为 $t = 0$，$x_0 = y_0 = z_0 = 0$，$u_{0x} = u_0 \cos \beta_0 \cos \alpha$，$u_{0y} = u_0 \sin \beta_0 \cos \alpha$，$u_{0z} = u_0 \cos \beta_0 \sin \alpha$。

求解方程（2.24）得到溅水水滴溅抛的纵向距离及横向距离，具体如下：

1）溅水水滴溅抛纵向距离为

$$x_\alpha = \frac{u_0 \cos \beta_0}{g} \left[ (U_f - u_0 \cos \beta_0) \tan \beta_0 + \sqrt{\frac{2 g u_0 \sin \beta_0}{k}} \right] \quad （2.25）$$

2）溅水水滴溅抛横向距离为

$$z_\alpha = \frac{u_0^2 \sin 2\beta_0 \sin 2\alpha \cos \alpha}{4 k \cdot g} \left[ \sqrt{\frac{2g}{k u_0 \sin \beta_0 \cos \alpha}} - 1 \right] \quad （2.26）$$

试验表明：$\alpha = 30°$ 时，$z_\alpha$ 取最大值为

$$z_{max} = \frac{3 u_0^2 \sin 2\beta_0}{16 k g} \left( \sqrt{\frac{4g}{\sqrt{3} k u_0 \sin \beta_0}} - 1 \right) \quad （2.27）$$

3）溅水水滴溅抛范围的横向距离为

$$B = 2 z_{max} = \frac{3 u_0^2 \sin 2\beta_0}{8 k g} \left( \sqrt{\frac{4g}{\sqrt{3} k u_0 \sin \beta_0}} - 1 \right) \quad （2.28）$$

**3. 计算参数的确定**

**（1）反弹抛射角 $\beta_0$**

反弹抛射角取水滴反弹抛射次数最多的角度。试验得出，当 $\beta_i < 60°$、$\beta_0 >$

30°时，反弹抛射角 $\beta_0$ 与水舌入水角 $\beta_i$ 有一定关系，即

$$\beta_0 = 136° - 2\beta_i \tag{2.29}$$

（2）水舌风速 $U_f$

用小型三环气象风速计测得水舌风速，并参照陡槽试验资料，取水舌风速为

$$U_f = \frac{u_i}{3} \tag{2.30}$$

式中，$u_i$ 为水舌入水速度。

（3）动量传递时间常数 $k$

依据试验测得的较长时间稳定溅水的最大范围，求出 $k$ 值为

$$k = 0.26 \sim 0.3 \tag{2.31}$$

（4）水滴溅抛初速度 $u_0$

根据实测较长时间稳定溅抛的纵向距离，求得在 3 种不同流量下的耗散参数 $e_c$ 分别为 0.50、0.55、0.59。近似取 $e_c = 0.55$，则溅水水滴溅抛初速度为

$$u_0 = \frac{31\cos\beta_i}{40\cos\beta_0}u_i \tag{2.32}$$

### 4. 基于量纲分析方法的水舌入水喷溅纵向距离

姚克烨等（2007）用量纲分析方法推导出雾化溅水区纵向范围的估算式。并根据一定的模型相似率，测出雾化溅水区的范围，对泄洪雾化数学计算模型进行了验证。

假定溅水区纵向长度 $L$ 与水流单宽流量 $q$、挑坎水舌出口初始流速 $v_0$、上下游水位差 $\Delta H$ 有关，则溅水区纵向长度 $L$ 为

$$L = a_1 q^{k_1} v_0^{k_2} \Delta H^{k_3} \tag{2.33}$$

式中，$k_1$、$k_2$、$k_3$ 为待定经验常数。

基本量纲为 $[L, T]$，则有

$$[L] = [L^2 T^{-1}]^{k_1}[LT^{-1}]^{k_2}[L]^{k_3} \tag{2.34}$$

根据量纲和谐，要求：

$$\begin{cases} L \rightarrow 2k_1 + k_2 + k_3 = 1 \\ T \rightarrow -k_1 - k_2 = 0 \end{cases} \tag{2.35}$$

依据式（2.35），可将式（2.33）表达为

$$L = a_1 \left(\frac{q}{v_0}\right)^{1-k_3} \Delta H^{k_3} \tag{2.36}$$

式中，$a_1$ 为待定的经验常数。

姚克烨等（2007），根据某水电站工程雾化模型（比例为 1:30）进行模型试验研究。利用该雾化模型得出试验数据，求得待定的经验常数 $a_1 = 11.9969$、

$k_3 = 0.3464$，因此溅水区纵向长度 $L$ 为

$$L = 11.9969 \left( \frac{q}{v_0} \right)^{0.6536} \Delta H^{0.3464} \qquad (2.37)$$

### 2.3.4　估算泄洪雾化降雨区纵向边界的经验公式

　　泄洪雾化降雨区的纵向边界，是指接近于零泄洪雾化雨强的位置距水舌入水点的水平距离。孙双科和刘之平（2003）在对部分已建工程的泄洪雾化原型观测资料进行收集、归纳、总结的基础上，发现泄洪雾化纵向边界与泄流流量、水舌平均入水流速及入水角之间存在相关关系，并基于量纲分析方法建立了估算泄洪雾化降雨区的纵向边界的经验公式。

　　估算泄洪雾化纵向边界的经验公式，可通过量纲分析的 Rayleigh 方法得到。假定：泄洪雾化降雨区的纵向边界 $L_{fr}$，与水舌入水速度 $u_i$、入水角度 $\beta_i$、流量 $Q$、重力加速度 $g$ 及水的密度 $\rho_w$ 有关。并设有

$$L_{fr} = a_2 \, \rho_w^{k_1} \, g^{k_2} \, Q^{k_3} \, u_i^{k_4} \, (\cos \beta_i)^{k_5} \qquad (2.38)$$

基本量纲为 $[M, \ L, \ T]$，则有

$$[L] = [ML^{-3}]^{k_1} \, [LT^{-2}]^{k_2} \, [L^3 T^{-1}]^{k_3} \, [LT^{-1}]^{k_4} \qquad (2.39)$$

根据量纲和谐，要求：

$$\begin{cases} M \quad \rightarrow \quad k_1 = 0 \\ L \quad \rightarrow \quad -3k_1 + k_2 + 3k_3 + k_4 = 1 \\ T \quad \rightarrow \quad -2k_2 - k_3 - k_4 = 0 \end{cases} \qquad (2.40)$$

依据式（2.40），可将式（2.38）表达为

$$L_{fr} = a_2 \left( \frac{Q}{u_i} \right)^{1/2} (Q^{1/2} \, u_i^{-5/2} \, g)^{k_2} \, (\cos \beta_i)^{k_5} \qquad (2.41)$$

式中，$a$、$k_2$、$k_5$ 均为待定的经验常数。水舌入水速度 $u_i$ 与入水角度 $\beta_i$，可直接采用原型观测结果，或按下述方法进行估算：

$$u_i = \Phi_\alpha \sqrt{v_0^2 + 2g \left( H_0 - H_2 + \frac{H_z}{2} \cos \beta_p \right)} \qquad (2.42)$$

式中，$H_0$ 为泄洪孔出口底高程；$H_2$ 为下游水位高程；$\beta_p$ 为水舌的出射角；水舌空中流速系数 $\Phi_\alpha$ 与水舌入水前轨迹长度 $s_t$ 有关，表达式为

$$\Phi_\alpha = 1 - 0.0021 \frac{s_t}{h_{t0}} \qquad (2.43)$$

$$s_t = \frac{(v_0^2 \cos^2 \beta_p)^2}{2g} \left[ t\sqrt{1+t^2} + \ln \left| 2t + 2\sqrt{1+t^2} \right| \right]_{t(0)}^{t(L_b)} \qquad (2.44)$$

式中，$L_b$ 为水舌挑距；$t$ 为计算参数；$v_0$ 为水舌出口初始流速，表达式为

$$v_0 = \Phi\sqrt{2g(H_1 - H_0 - H_z\cos\beta_p)} \tag{2.45}$$

式中，$H_1$ 为上游水位高程；$\Phi$ 为流速系数，其计算公式为

$$\Phi = \sqrt{1 - 0.21\frac{l^{3/8}(H_1 - H_0)^{1/4}\,g^{1/4}\,k_s^{1/8}}{q^{1/2}}} \tag{2.46}$$

式中，$k_s$ 为水流边壁绝对粗糙度，混凝土坝面 $k_s = 0.00061\text{m}$；$l$ 为泄水建筑物泄水边界流程长度；$q$ 为水流单宽流量。

挑坎出口处水深取 $H_z$，其试算或迭代求解公式为

$$H_z = \frac{Q}{\Phi b_{t0}\sqrt{2g(H_1 - H_0 - H_z\cos\beta_p)}} \tag{2.47}$$

式中，$\beta_p$ 为孔口水舌的出射角；$b_{t0}$ 为出口宽度。

式（2.44）中的 $L_b$ 为水舌挑距，计算公式为

$$L_b = \frac{v_0\cos\beta_p}{g} \tag{2.48}$$

式中，孔口水舌的出射角 $\beta_p$ 可根据原型观测数据或模型试验结果直接确定。

水舌入水角度 $\beta_i$ 为

$$\tan\beta_i = -\sqrt{\tan^2\beta_p + \frac{2g}{v_0^2\cos^2\beta_p}\left(H_0 - H_2 + \frac{H_z}{2}\cos\beta_p\right)} \tag{2.49}$$

式中，$H_2$ 为下游水位高程。

利用白山、东风、东江、李家峡、二滩、鲁布革等工程的泄洪雾化原型观测资料，对式（2.41）进行最小二乘法拟合，得 $a_2 = 6.041$、$k_2 = -0.7651$、$k_5 = 0.06217$，相关系数为 0.777，则泄洪雾化降雨区的纵向边界 $L_{fr}$ 为

$$L_{fr} = 10.267\left(\frac{u_i^2}{2g}\right)^{0.7651}\left(\frac{Q}{u_i}\right)^{0.11745}\left(\cos\beta_i\right)^{0.06217} \tag{2.50}$$

式（2.50）即为基于（Rayleigh）量纲分析方法，而建立的可用于估算泄洪雾化降雨区纵向边界的经验公式，其适应范围为 $31.5° < \beta_p < 71.0°$、$100\text{m}^3/\text{s} < Q < 6856\text{m}^3/\text{s}$、$19.3\text{m/s} < v_0 < 50.0\text{m/s}$。

引入综合水力学参数 $\xi$，则有

$$\xi = \left(\frac{u_i^2}{2g}\right)^{0.7651}\left(\frac{Q}{u_i}\right)^{0.11745}\left(\cos\beta_i\right)^{0.06217} \tag{2.51}$$

式中，综合水力学参数 $\xi$ 是一个具有长度量纲的物理量，它表征的是当水舌入水激溅产生雾化时，水舌的各项水力学指标（如入水时的流速水头、入水面积及入水角度），对泄洪雾化纵向范围的综合影响。

综合水力学参数 $\xi$ 与泄洪雾化降雨区纵向边界 $L_{fr}$ 的关系，为线性关系，如图 2.1 所示。

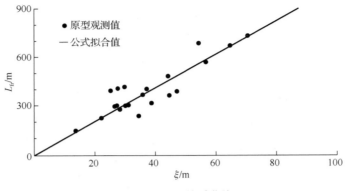

图 2.1　$L_{fr}$-$\xi$ 关系曲线

因此，式（2.50）可写成如下形式：

$$L_{fr} = 10.267\xi \tag{2.52}$$

## 2.3.5　雨强分布的经验公式

2008 年，四川大学水力学与山区河流开发保护国家重点实验室，在《洪渡河石垭子水电站泄洪雾化影响数学模型计算分析及防护措施研究》中，依据完整的 1997 年李家峡水电站、1999 年二滩水电站泄洪雾化原型观测资料，通过对雾化雨强分布规律的分析，引入综合水力学参数 $\xi$，拟合得到雨强分布经验公式，即

$$\frac{L_P}{L_{fr}} = f\frac{P}{\xi} = \begin{cases} 1.0 & \dfrac{P}{\xi} \leqslant 0.0002 \\ -0.0565\ln\dfrac{P}{\xi} + 0.5174 & 0.0002 < \dfrac{P}{\xi} \leqslant 0.60 \\ 0.6019\mathrm{e}^{-0.1706\,(P/\xi)} & \dfrac{P}{\xi} > 0.60 \end{cases} \tag{2.53}$$

式中，$L_P$ 表示泄洪雾化降雨区的纵向边界范围内，沿出流中心线方向某雨强值 $P$ 等值点到水舌入水点的距离。

式（2.53）的适用范围为 $22.5 < \xi < 112.2$；拟合曲线与数据点的回归系数分别为 0.9199、0.8025，拟合结果良好。$(P/\xi)$-$(L_P/L_{fr})$ 关系曲线与 $P/\xi$ 的量值范围有关，以 $P/\xi = 0.60$（对应于 $L_P/L_{fr} = 0.55$）为界。

1）在 $P/\xi \leqslant 0.60$ 的范围内，$(P/\xi)$-$(L_P/L_{fr})$ 呈对数关系曲线变化，变化幅度较大。

2）在 $P/\xi > 0.60$ 的范围内，$(P/\xi)$-$(L_P/L_{fr})$ 呈幂函数关系曲线变化，变化速

度比较缓慢。

这一结果与泄洪雾化雨强的分布规律是相对应的。在泄洪雾化影响范围的远区，由于雾化雨强比较小，雾流的漂移运动占主导地位，因而雾化降雨的影响范围相当大，可以延续到比较远的区域；而在泄洪雾化影响范围的近区，由于雾化雨强比较大，属于强暴雨与暴雨区，雾流漂移运动居次要地位，因而影响范围相对要小得多。

# 2.4　泄洪雾化数值模拟

泄洪雾化范围分区为水舌掺气扩散段、水舌溅水区、雾流降雨区、薄雾大风区。各区的预测和计算方法不多，且不甚一致。本节就所采用的泄洪雾化数学模型及数值模拟方法进行详细阐述。

## 2.4.1　水滴随机喷溅数学模型

张华等（2003，2004）、刘之平等（2014）考虑水滴运动及运动过程中的受力特点，建立了水滴随机喷溅的数学模型。

### 1. 水滴运动的微分方程

水滴在运动过程中，受到重力、浮力和空气阻力的共同作用，其运动微分方程组为

$$
\begin{cases}
\dfrac{\mathrm{d}x}{\mathrm{d}t} = u_x \qquad \dfrac{\mathrm{d}y}{\mathrm{d}t} = u_y \qquad \dfrac{\mathrm{d}z}{\mathrm{d}t} = u_z \\[2mm]
\dfrac{\mathrm{d}u_x}{\mathrm{d}t} = -C_{\mathrm{f}} \dfrac{3\rho_{\mathrm{a}}}{4d \cdot \rho_{\mathrm{w}}} (u_x - u_{\mathrm{fx}}) \sqrt{(u_x - u_{\mathrm{fx}})^2 + (u_y - u_{\mathrm{fy}})^2 + (u_z - u_{\mathrm{fz}})^2} \\[2mm]
\dfrac{\mathrm{d}u_y}{\mathrm{d}t} = -C_{\mathrm{f}} \dfrac{3\rho_{\mathrm{a}}}{4d \cdot \rho_{\mathrm{w}}} (u_y - u_{\mathrm{fy}}) \sqrt{(u_x - u_{\mathrm{fx}})^2 + (u_y - u_{\mathrm{fy}})^2 + (u_z - u_{\mathrm{fz}})^2} \\[2mm]
\dfrac{\mathrm{d}u_z}{\mathrm{d}t} = -C_{\mathrm{f}} \dfrac{3\rho_{\mathrm{a}}}{4d \cdot \rho_{\mathrm{w}}} (u_z - u_{\mathrm{fz}}) \sqrt{(u_x - u_{\mathrm{fx}})^2 + (u_y - u_{\mathrm{fy}})^2 + (u_z - u_{\mathrm{fz}})^2} + \dfrac{\rho_{\mathrm{a}} - \rho_{\mathrm{w}}}{\rho_{\mathrm{w}}} g
\end{cases}
$$

$$(2.54)$$

式中，$u_x$，$u_y$，$u_z$ 分别为 $x$，$y$，$z$ 方向水滴的运动速度；$u_{\mathrm{fx}}$，$u_{\mathrm{fy}}$，$u_{\mathrm{fz}}$ 分别为水滴附近 $x$，$y$，$z$ 方向风速；$C_{\mathrm{f}}$ 为阻力系数；$d$ 为水滴直径；$\rho_{\mathrm{a}}$ 为空气密度；$\rho_{\mathrm{w}}$ 为水的密度。

### 2. 初始条件

水滴运动的微分方程的初始条件如下：

$$\begin{cases} x(t=0)=0 \qquad y(t=0)=0 \qquad z(t=0)=0 \\ u_x(t=0)=u_{wd0}\cos\beta_{wd0}\cos\alpha \\ u_y(t=0)=u_{wd0}\cos\beta_{wd0}\sin\alpha \\ u_z(t=0)=u_{wd0}\sin\beta_{wd0} \end{cases} \tag{2.55}$$

式中，$\alpha$ 为水滴的偏移角。

**3. 水滴随机喷溅的基本假定**

当水舌入水条件不变时，水滴喷溅可视为一种恒定随机喷射现象，则有

1）水滴抛射初速度 $u_{wd0}$，满足伽玛分布，即

$$f(u_{wd0})=\frac{1}{b^a\,\Gamma(a)}u_{wd0}^{a-1}\mathrm{e}^{-\frac{u_{wd0}}{b}} \tag{2.56}$$

式中，$b=4$；$a=0.25u_{wd0mo}$，$u_{wd0mo}$ 为水滴初始抛射速度众值。其表达式为

$$u_{wd0mo}=20+0.495u_{wdi}-0.1\beta_{wdi}-0.0008\beta_{wdi}^2 \tag{2.57}$$

2）水滴反射角 $\beta_{wd0}$ 恒等于水滴反射角的众值 $\beta_{wd0mo}$，即

$$\beta_{wd0}=\beta_{wd0mo}=44+0.32u_{wdi}-0.07\beta_{wdi} \tag{2.58}$$

3）水滴的偏移角 $\alpha$，满足正态分布，即

$$f(\alpha)=\frac{1}{\sigma\sqrt{2\pi}}\mathrm{e}^{-\frac{(\alpha-\mu)^2}{2\sigma^2}} \tag{2.59}$$

式中，$\mu$ 为统计量均值，$\mu=0°\sim5°$；$\sigma$ 为统计量标准差，$\sigma=20°\sim30°$。

4）水滴直径 $d$ 满足伽玛分布，即

$$f(d)=\frac{1}{\lambda^a\,\Gamma(a)}d^{a-1}\mathrm{e}^{-\frac{d}{\lambda}} \tag{2.60}$$

式中，$a=2$；$\lambda=0.5\cdot\bar{d}$，$\bar{d}$ 为水滴直径的均值。

5）坝后水舌风 $U_f$ 满足正态分布，即

$$f(U_f)=\frac{1}{\sigma_f\sqrt{2\pi}}\mathrm{e}^{-\frac{(U_f-\bar{U}_f)^2}{2\sigma_f^2}} \tag{2.61}$$

式中，$U_{wdf}$（$u_{fx}$，$u_{fy}$，$u_{fz}$）为水舌风速；$\sigma_f$ 为水舌风速的标准差；$\bar{U}_f$ 为平均水舌风速。

因为水滴抛射初速度 $u_{wd0}$、水滴反射角 $\beta_{wd0}$、水滴的偏移角 $\alpha$、水滴直径 $d$ 和水舌风速 $U_f$ 均是随机变量，故式（2.54）为一个描述水滴随机喷溅的微分方程。

**4. 水滴随机喷溅微分方程的求解**

张华等（2003，2004）应用蒙特-卡罗法、龙格-库塔法，来求解式（2.54）。主要步骤如下。

1）根据水舌入水点的参数，求得水滴的喷溅流量（每秒 $N$ 个）。

2）按照水滴抛射初速度 $u_{wd0}$、水滴反射角 $\beta_{wd0}$、水滴的偏移角 $\alpha$、水滴直径 $d$ 和水舌风速 $U_f$ 的概率模型，随机抽样产生一组伪随机数。

3）将这一组伪随机数代入式（2.54），采用 4 阶龙格-库塔法进行数值求解，以水滴落到地面为计算的终止条件，得到地面上每个微小区域的降雨强度 $I$。

4）重复步骤 2）和 3）多次，可得地面上每个微小区域雨强的数学期望。

## 2.4.2　水舌运动及雾流输运微分方程的数学模型

一般，无碰撞水舌挑流消能的雾化源由水舌掺气扩散和水舌入水激溅两部分组成。许多原型观测结果表明，泄洪雾化降雨的主要来源是水舌入水时形成的溅水。只有采用射流空中碰撞消能的方式，空中水舌雾化降雨才能形成重要的雾化源。

### 1. 水舌掺气扩散段

（1）水舌运动方程

水舌掺气主要是受重力和空气阻力的作用，其运动方程为

$$\begin{cases} \dfrac{du_x}{dt} = -\dfrac{\rho_a C_f}{\rho_w q} u^3 \cos\beta \\ \dfrac{du_y}{dt} = -g - \dfrac{\rho_a C_f}{\rho_w q} u^3 \sin\beta \end{cases} \tag{2.62}$$

式中，$u$ 为水舌运动速度；$q$ 为水流单宽流量；$\beta$ 为水舌运动方向与水平面夹角。

解方程（2.62），水舌断面的流速为

$$u = \frac{u_x}{\cos\beta} \left[ \frac{\rho_w qg}{\rho_w qg - 3\rho_a C_f u_x^3 [\Phi(\beta_p) - \phi(\beta)]} \right]^{-3} \tag{2.63}$$

其中，

$$\Phi(\beta) = \tan\beta \left( 1 + \frac{\tan^2\beta}{3} \right)$$

$$\tan\beta = \frac{dy}{dx} = \tan\beta_p - k\frac{gx}{u_{x0}^2}$$

$$C_D = \left[ 1 + 3\frac{\rho_a}{\rho_w} C_f Fr^2 \eta(\beta_p) \right]^{2/3}$$

式中，$C_D$ 为空气阻力影响系数。

假定水舌过水断面为矩形，$b_{t0}$ 为水舌出口断面的宽度，依据试验结果，取水舌水平扩散角为 $2°40'$，则水舌扩散宽度为 $b_{t0} + 2x\tan(2°40')$。则流量为 $Q$ 的水舌

断面未掺气时厚度（或水深）$h_{t0}$ 为

$$h_{t0} = \frac{Q}{u[b_{t0} + 2x \tan(2°40')]} \tag{2.64}$$

若以 $h_t$ 表示掺气水舌厚度，则矩形水舌断面的平均含水比 $\bar{\varsigma}$ 为

$$\bar{\varsigma} = \frac{h_{t0}}{h_t} \tag{2.65}$$

断面平均掺气量 $\bar{C}_A$ 为

$$\bar{C}_A = 1 - \bar{\varsigma} = \frac{h_t - h_{t0}}{h_t} \tag{2.66}$$

（2）掺气水舌雾流源量

假定重力、水流紊动扩散和水舌周界空气作用，是水舌掺气的主要影响因素。同时，定义水舌断面掺气量 $C_A$ 表示为

$$C_A = f\left( Fr, Re, \frac{\mu_w}{\mu_a}, \frac{\rho_w}{\rho_a}, We \right) \tag{2.67}$$

式中，$\mu_w$、$\mu_a$ 分别为水、空气的动力黏滞系数；$Fr$ 为弗劳德数；$We$ 为韦伯数；$Re$ 为雷诺数。因掺气水舌运动为充分紊动流动，可略去黏性有关项，且 $\rho_a / \rho_w$ 在 4～30℃范围内，在 0.0011～0.0012 范围内线性变化，因而不考虑；略去式中的韦伯数 $We$，取经验函数公式：

$$C_A = \frac{1}{C_D Fr^{3/2} + 2} \tag{2.68}$$

根据梁在潮（1992）水槽试验，$C_D = 0.1112～0.1268$。式（2.68）的适用条件为 $Fr \geqslant 10$。

用水舌入水断面的掺气量直接估算雾源量，则有

$$h_t = \frac{h_{t0}}{C_A} \tag{2.69}$$

入水处可认为水舌掺气充分，假定水舌入水处掺混区内掺气量符合高斯（Gauss）分布，即

$$1 - C_{ay} = \frac{A}{\sqrt{2\pi} h_t} e^{\left( -\frac{8y^2}{h_t^2} \right)} \tag{2.70}$$

式中，$C_{ay}$ 为水舌任一位置 $y$ 掺气量，$y$ 是垂直于水舌中心的距离；$A$ 为掺气特征常数，由断面平均掺气量确定，$A = 1.6726\sqrt{2\pi} h (1 - \bar{C}_{ay})$。

因此，断面掺气量分布为

$$\frac{1-C_{ay}}{1-\overline{C}_{ay}}=1.6726\mathrm{e}^{\left(-\frac{8y^2}{h_t^2}\right)} \qquad -\frac{h_t}{2}<y<\frac{h_t}{2} \tag{2.71}$$

则水舌断面上雾化含水量 $C_w$ 分布为

$$C_w=1.6726\overline{C}_w\mathrm{e}^{\left(-\frac{8y}{h_t^2}\right)} \tag{2.72}$$

雾化是水舌断面中的掺气量超过某一临界值后产生的，以 $C_{ak}$ 表示临界掺气量，则大于 $C_{ak}$ 的掺气量为可雾化量。因而，确定雾源量转化成求 $C_{ak}$ 的计算，以 $y_k$ 表示水舌断面雾化起始位置，即相当 $C_{ak}$ 时的距水舌断面中心的距离。

$$\begin{cases} y_k=\dfrac{h_t}{\sqrt{8}}\sqrt{\ln\left(1-\overline{C}_{ay}\right)-\ln\left(1-C_{ak}\right)+0.514} \\[3mm] y_k=\dfrac{h_t}{\sqrt{8}}\sqrt{\ln C_w-\ln C_{wk}+0.514} \end{cases} \tag{2.73}$$

雾化主要发生在水舌的外缘。因而水舌泄流的可雾化量为

$$q_k=u\int_{y_k}^{h_t/2}C_w\mathrm{d}y=u\,\overline{C}_w\,h_t\,\eta_k, \quad \eta_k=\frac{\sqrt{8}\,y_k}{h_t} \tag{2.74}$$

$$q_k=0.591\int_{(0.514+\ln C_w-\ln C_{wk})^{1/2}}^{\sqrt{2}}\mathrm{e}^{-\eta^2}\mathrm{d}\eta \tag{2.75}$$

### 2. 水舌溅水区

（1）溅水水滴运动方程

雾化水流的溅水区往往是雾化降雨的暴雨中心。目前，水舌溅水区计算均采用溅水水滴刚性反弹模式。溅水水滴的斜抛运动轨迹可通过求解如下方程组得

$$\begin{cases} m\dfrac{\mathrm{d}^2x}{\mathrm{d}t^2}=-F_\mathrm{D}\cos\beta\cos\alpha \\[3mm] m\dfrac{\mathrm{d}^2y}{\mathrm{d}t^2}=-\left(1-\dfrac{\rho_a}{\rho_w}\right)mg-F_\mathrm{D}\sin\beta \\[3mm] m\dfrac{\mathrm{d}^2z}{\mathrm{d}t^2}=-F_\mathrm{D}\cos\beta\sin\alpha \end{cases} \tag{2.76}$$

式中，$m$ 为水滴质量；$F_\mathrm{D}$ 为水滴所受空气阻力，与水舌风速（一般可取 $15\sim30\mathrm{m/s}$）、水滴半径等有关；$\rho_w$ 和 $\rho_a$ 分别为水和空气的密度；$x,y,z$ 分别为纵向、垂向和横向坐标；$\alpha$ 和 $\beta$ 分别为考虑水舌风大小和方向后水滴运动的方向角。

式（2.76）可用解析解或龙格-库塔法数值求解，最后可给出纵向、横向和垂向最大范围。

（2）水舌溅水区雨强

溅水区雨强公式很难从理论上推导出来，将引用原型观测资料，综合考虑各

种因素而导出的溅水区雨强公式，进而进行雨强分布 $T(x,z)$ 计算，则有

$$T(x,z) = T_0 + F_0 \frac{g}{u_i} \left( \frac{u_i^2}{g x} \right)^3 \left( 2 \frac{z}{x} + 1 \right)^{-4} \tag{2.77}$$

式中，$x$、$z$ 分别为原点取在水舌中心线入水点的纵向和横向坐标；$u_i$ 为水舌入水处速度；$T_0$ 及 $F_0$ 为综合经验系数。

### 3. 雾流降雨区

雾流降雨区（雾雨区）为雾流扩散的近区，是空中有云雾飘散、地面有雨水降落的区域，需要考虑雨滴的沉降效应。

从溅水区外端断面起，一直到具有毛毛雨的断面的整个区域为雾流降雨区。挑流有一定的宽度，且溅水区外端的雾流高度较大，所以雾流扩散区实际是面源雾流扩散，即雾流在溅水风和自然风作用下，继续向下游流动，并向两侧和竖向扩散。

（1）雾流扩散方程

考虑雾流水滴沉降和竖向扩散效应时的雾流扩散方程为

$$u_a \frac{\partial \varsigma}{\partial x} - \omega \frac{\partial \varsigma}{\partial y} = \frac{\partial}{\partial y} \left( \varepsilon_y \frac{\partial \varsigma}{\partial y} \right) \tag{2.78}$$

式中，$u_a$ 为风速；$\varepsilon_y$ 为竖向扩散系数；$\omega$ 为雨滴沉降速度，一般取 0.4～0.8m/s；$\varsigma$ 为雾流含水量。

（2）雾流降雨区雨强

分离变量并结合原型观测资料，可得到计算雾流降雨区雨强沿程分布的公式为

$$T(x) = M e^{-C_D^2 x} \tag{2.79}$$

式中，$x$ 为以溅水区外端为起始点的纵向坐标；$C_D$ 为与雨滴沉降速度 $\omega$、风速 $u_a$ 和竖向扩散系数 $\varepsilon_y$ 有关的空气阻力影响系数；$M$ 为雾雨起始位置（即溅水区外端）的雾雨强度。雾雨区下限（即雾雨区与雾流区分界）取在雨强为 0.1mm/h 处。

### 4. 薄雾大风区

薄雾大风区（雾流区）是雾流扩散区的远区，水滴直径小到重力已不再起主导作用，而成为云雾（即在天为云，近地为雾），它主要受风力驱使，被紊动扩散所支配。

雾流区雨滴的平均直径为 0.1～0.2mm，雾流区下限，即无雾区一般取在雾化区含水量 $C_w = 10^{-6}$ 处；而浓雾与薄雾的分界取在雾化区含水量 $C_w = 10^{-4}$～$10^{-3}$ 处。

（1）扩散方程

一般认为雾流为定常流，紊动扩散系数 $\varepsilon_x = \varepsilon_y = \varepsilon_z = \varepsilon$，雾流速度为风速

$u_x = u_a$，$u_y = \omega$，$u_z = 0$，则雾流含水量 $\varsigma$ 的扩散方程为

$$u_a \frac{\partial \varsigma}{\partial x} - \omega \frac{\partial \varsigma}{\partial y} = \frac{\partial}{\partial x}\left(\varepsilon_x \frac{\partial \varsigma}{\partial x}\right) + \frac{\partial}{\partial y}\left(\varepsilon_y \frac{\partial \varsigma}{\partial y}\right) + \frac{\partial}{\partial z}\left(\varepsilon_z \frac{\partial \varsigma}{\partial z}\right) \qquad (2.80)$$

（2）含水量

利用分离变量法，对二阶方程求解，得

$$\varsigma(x, y, z) = \varsigma_0 \mathrm{e}^{(r_1 x + r_2 y + r_3 z)} \qquad (2.81)$$

其中，

$$r_1 = \frac{1}{2}\left(\frac{u_a}{\varepsilon} - \sqrt{\frac{u_a^2}{\varepsilon^2} - \frac{4\lambda}{\varepsilon}}\right)$$

$$r_2 = \frac{1}{2}\left(\frac{\omega}{\varepsilon} - \sqrt{\frac{\omega^2}{\varepsilon^2} - \frac{4\mu}{\varepsilon}}\right)$$

$$r_3 = -\sqrt{\frac{\mu - \lambda}{\varepsilon}}$$

式中，$\varsigma_0$ 为起始断面的含水量；采用浓雾的 $\varsigma = 0.001$；系数 $\lambda = \mu - 0.008$，$\mu = \omega^2 / (4\varepsilon) - 0.001$。

# 2.5    工程实例：石垭子水电站泄洪雾化分析

## 2.5.1    计算参数

洪渡河石垭子水电站位于贵州省务川县的梅林峡谷河段，是乌江水系一级支流，也是洪渡河干流水电梯级开发的第六级，水库正常蓄水位 544m，电站装机 140MW。拦河坝为碾压混凝土重力坝，坝高 134.50m，泄洪系统按 100 年一遇洪水设计，1000 年一遇洪水校核，下游消能防冲按 50 年一遇洪水设计。其泄洪计算工况见表 2.2。

表 2.2    石垭子水电站泄洪计算工况

| 洪水频率/% | 下泄流量/（m³/s） | 库水位/m | 相应下游水位/m | 备注 |
|---|---|---|---|---|
| 0.1 | 8894 | 547.35 | 460.15 | 校核 |
| 1 | 7133 | 544.21 | 456.74 | 设计 |
| 2 | 6410 | 544.00 | 455.25 | 消能防冲 |
| 10 | 3990 | 544.00 | 449.50 | 常遇洪水 |

泄水建筑物由 3 孔坝身表孔组成，布置在河床中部，每孔净宽 12m，闸墩中墩宽 4m，闸墩边墩宽 3m，溢流堰堰顶高程 523.5m，堰上设 12m×20.5m（宽×高）

的弧形工作闸门。

石垭子水电站为 3 孔溢流表孔泄洪，采用挑流方式消能。计算中取两种挑角，分别对水深进行迭代计算，计算结果表明，两种挑坎计算结果接近，因此，以下均针对挑角为 28° 情况进行分析。其计算参数见表 2.3。

表 2.3　石垭子水电站雾化计算参数

| 物理量 | 参数取值（4 种工况） | 物理量 | 参数取值（4 种工况） |
|---|---|---|---|
| 挑坎出口高程/m | 479.92～493.85 | 升阻比 | 5.00 |
| 挑坎出口挑角/（°） | −37～28 | 耗散系数 | 0.85 |
| 空气阻力影响系数 | 1 | 水舌风 XZ 平面夹角/（°） | 0 |
| 水的密度/（kg/m³） | 1000.00 | 水舌风 X 方向夹角/（°） | 0 |
| 空气密度/（kg/m³） | 1.29 | 斜抛偏角/（°） | −90～90 |
| 水舌风速/（m/s） | 12 | | |

## 2.5.2　数值模拟

2008 年，四川大学水力学与山区河流开发保护国家重点实验室对洪渡河石垭子水电站泄洪雾化进行了数值模拟。仅针对 0.1% 洪水校核工况进行说明、分析，其他 3 种工况列表给出计算结果。

### 1. 水舌掺气扩散段

石垭子水电站泄洪雾化水舌掺气扩散段计算结果见表 2.4。

表 2.4　石垭子水电站泄洪雾化水舌掺气扩散段计算结果

| 物理量 | 4 种工况的计算结果 | | | |
|---|---|---|---|---|
| | 0.1%（校核） | 1%（设计） | 2%（消能防冲） | 10%（常遇洪水） |
| 挑坎出口宽度/（36m） | 3 孔全开 | 3 孔全开 | 2 孔全开、1 孔开 1/2 | 3 孔均开 1/2 |
| 挑距/m | 92.10 | 93.63 | 96.33 | 101.67 |
| 最大挑射高度/m | 9.48 | 9.32 | 9.54 | 9.70 |
| 挑坎出口水深/m | 14.59 | 11.80 | 10.48 | 9.70 |
| 挑坎出口速度/（m/s） | 25.41 | 25.20 | 25.50 | 25.71 |
| 水舌入水处宽度/m | 40.12 | 40.38 | 40.86 | 33.79 |
| 水舌入水处速度/（m/s） | 36.15 | 36.92 | 37.51 | 39.13 |
| 水舌入水处角度/（°） | −51.64 | −52.94 | −53.13 | −54.54 |

0.1% 洪水校核工况时，计算结果显示：

1）挑坎出口水深为 14.59m，出口速度为 25.41m/s，水舌入水处角度为 51.64°，与试验结果接近。

2）水舌掺气扩散段雾化区最大垂向高程约 505m，距离挑坎 30m 左右。

3）溢流表孔水舌掺气扩散段混掺区断面单宽含水量 $q_q^*$ 沿流程增加，在入水处 $q_q^*$ 约为 90m³/s·m，说明水舌入水时扩散较为充分。本工程的水舌水核区范围约为 92m。

4）水舌掺气扩散段断面平均含水量沿流程衰减，在入水处仍保持为 57% 左右。

5）水舌掺气扩散段断面平均流速在水舌上升段为沿流程降低，在水舌加速下降段为增加，在入水处具有最大速度。

6）水舌掺气扩散段雾化区断面单宽含水量 $q_q^*$ 很小，说明该区受影响程度和范围均很小。

2. 水舌溅水区

石垭子水电站泄洪雾化水舌溅水区计算结果见表 2.5。溅水水滴运动轨迹如图 2.2 所示。

表 2.5　石垭子水电站泄洪雾化水舌溅水区计算结果

| 物理量 | 4 种工况的计算结果 | | | |
| --- | --- | --- | --- | --- |
| | 0.1%（校核） | 1%（设计） | 2%（消能防冲） | 10%（常遇洪水） |
| 挑坎出口宽度/（36m） | 3 孔全开 | 3 孔全开 | 2 孔全开、1 孔开 1/2 | 3 孔均开 1/2 |
| 纵向最大距离/m | 72.57 | 70.93 | 72.50 | 72.14 |
| 竖向最大距离/m | 13.41 | 11.83 | 11.92 | 10.53 |
| 横向最大距离/m | 41.34 | 40.40 | 41.29 | 41.09 |
| 水滴寿命时间/s | 3.31 | 3.11 | 3.18 | 2.93 |
| 水滴起抛速度/（m/s） | 30.05 | 30.40 | 30.85 | 31.78 |
| 水滴起抛角度/（°） | 32.72 | 30.11 | 29.75 | 26.92 |

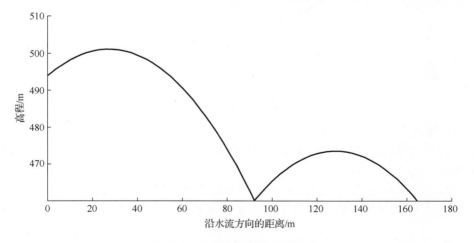

图 2.2　水舌挑射及溅抛轨迹线

0.1%洪水校核工况时，计算结果显示：

1）溅水水滴在纵向、竖向、横向 3 个方向溅抛距离随时间的变化情况：一滴典型溅水水滴溅抛方向为随机的，其在空中运行最长时间约为 3.31s，在纵向、竖向、横向上的最大溅抛距离分别约为 72.57m、13.41m、41.34m。

2）纵向最大溅水范围发生在横向溅抛角为 0°方向（即沿概化挑坎轴线方向）；横向最大溅水范围发生在横向溅抛角为 90°方向；垂向最大溅水范围与横向溅抛角无关，仅与水舌竖向溅抛角有关。

3）本工况（3 个溢流表孔泄洪）计算的溅水区纵向范围是距离挑坎出口下游92.10～164.67m；溅水区横向范围是距离中间泄洪表孔轴线左右各 41.34m 处。

4）水舌溅水区雨强大于 50 mm/h。

**3. 雾流降雨区**

0.1%洪水校核工况时，雾流降雨区的雨强沿程变化如图 2.3 所示。

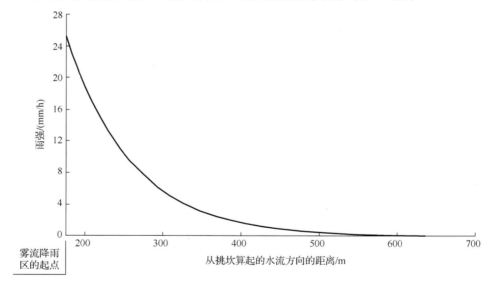

图 2.3　雾流降雨区雨强沿程变化

由图 2.3 可知：

1）雾流降雨区的范围约从离挑坎 180m 处开始，到 640m 处结束。雾流降雨区纵向长度约为 460m。

2）雾流降雨区的雨强从 25mm/h 衰减到下限雨强 0.1mm/h。

3）其横向范围近似按溅水区横向范围确定，该区距挑坎横向距离 80m 左右。

**4. 薄雾大风区**

0.1%洪水校核工况时，计算结果显示：

1）取薄雾大风区含水量 0.00001 作为无雾区判据，在离挑坎约为 1000m 后为无雾区。

2）薄雾大风区从离挑坎 640m 处开始，到 1000m 结束。

3）薄雾大风区雨强小于 0.1mm/h。

5. 数值模拟结果

由于本次数值模拟取水舌溅水区雨强大于 50mm/h，雾流降雨区的雨强范围则在 0.1～25mm/h，因此，对于雨强 25～<50mm/h 段的区域，定义为强暴雨区，并入水舌溅水区；强暴雨区的长度取值参照表 2.6。为了与工程类比法进行对照，将4 种工况下的数值模拟结果重新整理后，列于表 2.6。

表 2.6　泄洪雾化雨强纵向分布数值模拟结果

| 工况 | 水舌掺气扩散段 | | 总水舌溅水区（雨强≥25 mm/h） | | | 雾流降雨区（雨强 0.1～<25mm/h） | |
| | 长度/m | 桩号 | 水舌溅水区（雨强≥50mm/h）长度/m | 强暴雨区（雨强 25～<50mm/h）长度/m | 桩号 | 长度/m | 桩号 |
| --- | --- | --- | --- | --- | --- | --- | --- |
| 工况 1 | 92.10 | 0+060～152 | 72.57 | 24.00 | 0+152～249 | 460.00 | 0+249～709 |
| 工况 2 | 93.63 | 0+060～154 | 70.93 | 25.00 | 0+154～250 | 460.00 | 0+250～710 |
| 工况 3 | 96.33 | 0+060～154 | 72.50 | 15.00 | 0+154～242 | 460.00 | 0+242～702 |
| 工况 4 | 101.67 | 0+060～162 | 72.14 | 20.00 | 0+162～254 | 460.00 | 0+254～714 |

注：表中的长度是由坝轴线向下游方向计算，坝轴线桩号为 0+000。

表 2.6 显示：①工况 1（洪水频率 0.1%）时，泄洪雾化雨强为 0.1～<25mm/h 的雾流降雨区纵向长度是 460m，位于坝轴线后约 249～709m 的范围内（桩号 0+249～709）；②4 种工况下，虽然洪水下泄流量由 8894m³/s 降到 3990m³/s，但泄洪孔也由 3 孔全开变成 3 孔半开，水舌入水速度由 36.15m/s 增加到 39.13m/s，因此，水舌扩散段、水舌溅水区、雾流降雨区的总体范围变化不大。

石垭子水电站 0.1%校核洪水位工况溢洪道泄洪时的雾化范围数值模拟法结果和类比综合法结果如图 2.4 所示。

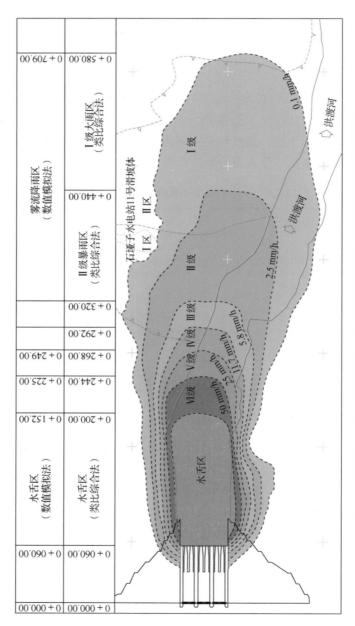

图 2.4　石斑子水电站 0.1% 校核洪水位工况溢洪道泄洪时的雾化范围数值模拟结果

（四川大学水力学与山区河流开发保护国家重点实验室，2008）

## 2.5.3　工程类比综合法

泄洪雾化是指泄水建筑物泄水时所引起的一种非自然降雨过程与水雾弥漫现象。一般而言，水头越高，流量越大，泄洪雾化的降雨强度与影响范围也越大。

### 1. 泄洪雾化边缘的分布规律

泄洪雾化是一个非常复杂的水气两相流物理现象，涉及水舌的破碎、碰撞、激溅、扩散等众多物理过程，其影响因素大体上可归结为水力学因素、地形因素及气象因素 3 类。其中，水力学因素包括上下游水位差、泄洪流量、入水流速与入水角度、孔口挑坎形式、下游水垫深度、水舌空中流程及水舌掺气特性等；地形因素包括下游河道的河势、岸坡坡度、岸坡高度、冲沟发育情况等；气象因素主要指坝区自然气候特征，如风力、风向、气温、日照强度、日平均蒸发量等。

目前，对雾化问题的研究大体上可分为原型观测、物理模型模拟及理论分析计算 3 种方法。但鉴于物理模型模拟和理论分析计算尚不成熟，采用原型观测成果是了解、掌握雾化现象规律性的一种直接、有效的研究方法。

（1）原型观测

表 2.7 列出了我国 6 座采用挑流消能方式泄洪的水电站泄洪雾化原型观测部分资料。

表 2.7　6 座采用挑流消能方式泄洪的水电站泄洪雾化原型观测部分资料

| 工程名称及观测年份 | 泄洪方式（泄洪工况） | 上游水位/m | 下游水位/m | 流量 $Q$/(m³/s) | 入水速度 $\mu_i$/(m/s) | 入水角 $\beta_i$/(°) | 水舌挑距 $L_b$/m | 雾雨纵向边界 $L_{fr}$/m |
|---|---|---|---|---|---|---|---|---|
| 白山（拱坝）（坝高 149.5m）1983～1995 年 | 3 深孔联合 | 369.7 | 292.1 | 1668 | 35.8 | 68.4 | 54 | 304 |
| | 14 号高孔 | 416.5 | 291.6 | 830 | 37.6 | 41.2 | 143 | 400 |
| | 18 号高孔 | 412.5 | 292.1 | 484 | 33.7 | 38.3 | 114 | 415 |
| 李家峡（拱坝）（坝高 165m）1997 年 | 右中孔 | 2145.0 | 2049.0 | 100 | 31.9 | 61.0 | 86 | 224 |
| | 右中孔 | 2145.0 | 2049.0 | 300 | 31.9 | 61.0 | 86 | 394 |
| | 右中孔 | 2145.0 | 2049.0 | 466 | 32.6 | 60.2 | 95 | 405 |
| | 左底孔 | 2145.5 | 2049.0 | 400 | 31.5 | 36.2 | 83 | 297 |
| 东江（拱坝）（坝高 157m）1992 年 | 左滑 | 282.0 | 147.1 | 555 | 33.9 | 52.0 | 124 | 300 |
| | 右左滑 | 282.0 | 149.0 | 767 | 36.6 | 59.0 | 99 | 240 |
| | 右右滑 | 282.0 | 150.3 | 1043 | 38.8 | 63.0 | 102 | 320 |
| 东风（拱坝）（坝高 162m）1997 年 | 右中孔 | 968.9 | 842.5 | 999 | 41.9 | 39.4 | 120 | 480 |
| | 中中孔 | 968.0 | 840.9 | 522 | 38.2 | 42.2 | 131 | 369 |
| | 左中孔 | 967.4 | 840.0 | 989 | 42.1 | 40.5 | 121 | 364 |
| | 溢流表孔 | 967.7 | 844.7 | 1926 | 42.4 | 62.5 | 112 | 388 |

续表

| 工程名称及观测年份 | 泄洪方式（泄洪工况） | 上游水位/m | 下游水位/m | 流量 $Q$/（m³/s） | 入水速度 $\mu_i$/（m/s） | 入水角 $\beta_i$/（°） | 水舌挑距 $L_b$/m | 雾雨纵向边界 $L_{fr}$/m |
|---|---|---|---|---|---|---|---|---|
| 二滩（拱坝）（坝高 240m）1998～1999 年 | 6 中孔联合 | 1199.7 | 1022.9 | 6856 | 50.1 | 51.9 | 180 | 728 |
| | 7 表孔联合 | 1199.7 | 1021.5 | 6024 | 49.0 | 71.1 | 114 | 669 |
| | 1 号溢流表孔 | 1199.8 | 1017.7 | 3688 | 44.7 | 41.5 | 194 | 566 |
| | 2 号溢流表孔 | 1199.9 | 1017.8 | 3692 | 43.5 | 44.9 | 185 | 685 |
| 鲁布革（堆石坝）（坝高 103.8m）1991～1992 年 | 左溢流表孔 | 1124.0 | 1050.0 | 1727 | 28.4 | 32.2 | 60 | 300 |
| | 左溢流表孔 | 1127.0 | 1050.0 | 1800 | 29.1 | 31.5 | 63 | 277 |
| | 左溢洪道 | 1127.5 | 1050.0 | 1700 | 31.2 | 38.0 | 75 | 305 |
| | 溢流堰 | 92.9 | 63.4 | 559 | 19.3 | 39.9 | 39 | 150 |

（2）经验公式

根据原型观测资料（表 2.7），可以得出雾化降雨纵向边界与水舌入水点之间的距离 $L_{fr}$、水舌入水速度 $u_i$、入水角度 $\beta_i$、下泄流量 $Q$、重力加速度 $g$ 之间的关系［式（2.50）］。

按泄流实测数据，利用式（2.50），得出的雾化降雨纵向边界与水舌入水点之间的距离 $L_{fr}$ 与参数 $\xi$，见表 2.8。

表 2.8　泄洪雾化降雨纵向边缘与水舌入水点的间距

| 工况 | 洪水频率/% | 出口速度/（m/s） | 水舌入水速度/（m/s） | $\xi$ | $L_{fr}$/m |
|---|---|---|---|---|---|
| 工况 1 | 0.10 | 32.72 | 38.56 | 51.48 | 528.58 |
| 工况 2 | 1 | 31.94 | 38.72 | 50.46 | 518.05 |
| 工况 3 | 2 | 31.89 | 39.03 | 50.41 | 517.55 |
| 工况 4 | 10 | 31.89 | 40.30 | 49.88 | 512.17 |

**2. 泄洪雾化雨强的分布规律**

（1）石垭子水电站泄洪雾化雨强分级

依据石垭子水电站泄洪雾雨的计算、分析结果，石垭子水电站 11 号滑坡体大部分位于南科院泄洪雾化降雨雨强分级标准（表 1.3）所划分的 I 级泄洪雾化降雨区。因此，本书采用泄洪雾化降雨区雨强综合分级标准（表 1.5）。

（2）雨强分布经验公式

利用式（2.53）计算出 $L_p$，泄洪雾化降雨纵向分布如表 2.9 和图 2.4 所示。

表 2.9　泄洪雾化降雨纵向分布

| 等级 | 雨强/（mm/h） | 桩号 | | | |
|---|---|---|---|---|---|
| | | 工况 1 | 工况 2 | 工况 3 | 工况 4 |
| I 级 | 0.1～<2.5 | 0+440～0+580 | 0+430～0+550 | 0+400～0+500 | 0+410～0+500 |

| 等级 | 雨强/（mm/h） | 桩号 | | | |
|---|---|---|---|---|---|
| | | 工况 1 | 工况 2 | 工况 3 | 工况 4 |
| II 级 | 2.5～<5.8 | 0+320～0+440 | 0+330～0+430 | 0+290～0+400 | 0+300～0+410 |
| III 级 | 5.8～<11.7 | 0+292～0+320 | 0+290～0+330 | 0+270～0+290 | 0+280～0+300 |
| IV 级 | 11.7～<25 | 0+268～0+292 | 0+265～0+290 | 0+255～0+270 | 0+260～0+280 |
| V 级 | 25～<50 | 0+244～0+268 | 0+240～0+265 | 0+240～0+255 | 0+240～0+260 |
| VI 级 | ≥50 | 0+200～0+244 | 0+200～0+240 | 0+200～0+240 | 0+200～0+240 |

由表 2.9 可以看出，0.1%洪水校核工况时，石垭子水电站泄洪雾化雨强 0.1～<25mm/h 降雨区纵向长度为 312m，位于坝轴线下游 268～580m 范围内（桩号 0+268～0+580）。沿横向原型观测资料还未有良好的规律可循。

### 2.5.4　石垭子水电站泄洪雾化综合取值

依据数值模拟结果，以及原型观测资料工程类比法综合分析，得到石垭子水电站泄洪雾化降雨分布，如图 2.4 所示。

1. 石垭子水电站泄洪雾化数值模拟结果

根据挑流扩散模式，并考虑风速 12m/s 的计算结果，得出 0.1%洪水频率的工况，具体如下。

1）水舌掺气扩散段。

纵向范围约 92m，桩号（0+060）～（0+152）m。

2）水舌溅水区（雨强≥25mm/h）。纵向范围约 97m，桩号（0+152）～（0+249）m。其中，强溅水区（雨强≥50mm/h）。纵向范围约 73m，桩号（0+152）～（0+225）m。强暴雨区（雨强 25～<50mm/h）。纵向范围约 24m，桩号（0+225）～（0+249）m。

3）雾流降雨区（雨强 0.1～<25mm/h）。纵向范围约 460m，桩号（0+249）～（0+709）m；横向范围约 80m，高程 505m。

2. 工程类比结果

依据工程类比法，对各运行方式泄洪雾化沿纵向范围估算，得出 0.1%洪水频率的工况，具体如下。

1）水舌掺气扩散段。纵向范围约 140m，桩号（0+060）～（0+200）m。

2）水舌溅水区（雨强≥25mm/h）。纵向范围约 68m，桩号（0+200）～（0+268）m。其中，强溅水区（雨强≥50mm/h）。纵向范围约 44m，桩号（0+200）～（0+244）m。强暴雨区（雨强 25～<50mm/h）。纵向范围约 24m，桩号（0+244）～（0+268）m。

3）雾流降雨区（雨强 0.1～<25mm/h）。纵向范围约 312 m，桩号（0+268）～

（0+580）m。其中，1 特大暴雨区（雨强 11.7～<25mm/h）。纵向范围约为 24m，桩号（0+268）～（0+292）m。2 大暴雨区（雨强 5.8～<11.7mm/h）。纵向范围约为 28m，桩号（0+292）～（0+320）m。3 暴雨区（雨强 2.5～<5.8mm/h）。纵向范围约为 120m，桩号（0+320）～（0+440）m。4 大雨区（雨强 0.1～<2.5mm/h）。纵向范围约为 140m，桩号（0+440）～（0+580）m。

**3. 石梆子水电站 11 号滑坡体**

位于石梆子水电站坝址下游 120m 的 11 号滑坡体［桩号（0+280）～（0+450）m］受泄洪雾化影响，基本上处在大暴雨区、暴雨区，雨强为 0.1～11.7mm/h，泄洪雾化降雨对滑坡体的稳定性具有一定的影响，应结合泄洪雾化雨强分区，采取适当工程措施对岸坡加以保护。

# 2.6　小　　结

泄洪雾化范围及雨强的研究与预测涉及多学科水气和水气二相流问题，既是一个难度很大的工程问题，又是一个很有学术价值的研究课题。国家"七五""八五""九五"期间，针对二滩、小湾等大型水电工程开展了这方面的攻关研究，取得了一些研究成果。

基于上述研究成果，本书按雨雾运动形态，将泄洪雾化的影响范围进行分区，划分为水舌掺气扩散段、水舌溅水区、雾流降雨区、薄雾大风区。针对各区采用半经验公式、数理方程等进行计算模拟。

**1. 水舌掺气扩散段**

利用半经验公式，预测考虑空气阻力影响后的水舌中心轨迹线、混掺区及雾化区沿程竖向范围；同时计算沿程水舌断面含水浓度垂向分布、最大含水浓度、平均含水浓度、平均流速等。

**2. 水舌溅水区**

水滴在水舌风作用下，做反弹溅抛运动，其主体类似于质点的斜抛运动。通过求解描述溅水水滴的斜抛运动轨迹的方程组，得到水舌溅水区的纵向、横向和竖向最大范围。

溅水区雨强公式很难从理论上推导出来，本书引用原型观测资料，综合考虑各种因素导出溅水区雨强公式，进而进行雨强计算。

### 3. 雾流降雨区（雾雨区）

雾流降雨区（雾雨区）为雾流扩散的近区，是空中有云雾飘散，地面有雨水降落的区域，需要考虑雨滴的沉降效应。从溅水区外端断面起，一直到具有毛毛雨的断面的整个区域为雾流降雨区。雾流降雨区下限（即雾流降雨区与薄雾大风区分界）取在雨强为 0.1mm/h 处。

通过求解考虑雾流水滴沉降和竖向扩散效应时的雾流扩散方程，得到雾流降雨区的范围和雨强分布。

### 4. 薄雾大风区（雾流区）

薄雾大风区（雾流区）是雾流扩散区的远区，水滴直径小到重力已不再起主导作用而成为云雾，它主要受风力驱使，被紊动扩散所支配。雾流区雨滴的平均直径为 0.1～0.2mm，雾流区中浓雾与薄雾的分界取在含水量为 $10^{-4}$～$10^{-3}$ 处，而雾流区下限即无雾区一般取在含水量为 $10^{-6}$ 处。在该区，雾流含水浓度 $C_w$ 服从扩散方程。通过求解雾流含水量的扩散方程，得到薄雾大风区的分布范围。

### 5. 工程类比法综合取值

泄洪雾雨受诸多因素的影响，这些因素大体上可分为 3 类。

1）水力学因素，包括上下游水位差、泄洪流量、入水流速与入水角度、孔口挑坎形式、下游水垫深度、水舌空中流程及水舌掺气特性等。

2）地形因素，包括下游河道的河势、岸坡坡度、岸坡高度、冲沟发育情况等。

3）气象因素，主要指坝区自然气候特征，如风力、风向、气温、日照强度、日平均蒸发量等。

鉴于此，要建立能完全反映上述因素的数学模型或物理模型是非常困难的。只能考虑上述部分因素，建立近似的数学计算或物理模拟模型。本书在此基础上，结合原型观测成果，对数值模拟结果进行综合取值。

洪渡河石垭子水电站的泄洪设计为：常遇洪水按 10 年一遇洪水（洪水频率 10%）考虑；下游消能防冲按 50 年一遇洪水（洪水频率 2%）设计；泄洪系统按 100 年一遇洪水（洪水频率 1%）设计，1000 年一遇洪水（洪水频率 0.1%）校核。

本书以洪渡河石垭子水电站为例，对上述 4 种工况的泄洪雾雨影响范围和雨强分布进行了预测研究，结合洪渡河石垭子水电站的工程特点，以及类似工程的原型观测资料，对计算公式加以适当修正，并依据原型观测资料工程类比法进行了综合分析。没有进行相应的模型试验，计算结果仅供参考。

# 参 考 文 献

柴恭纯，陈惠玲，1992．高坝泄洪雾化问题的研究[J]．山东工业大学学报，22（3）：29-35．

陈端，金峰，向光红，2008．构皮滩工程泄洪雾化降雨强度及雾流范围研究[J]．长江科学院院报，25（1）：1-4．

陈端，金峰，张鹤，2007．构皮滩工程大坝泄洪雾化物理模型试验研究[J]．湖北水力发电，70（3）：48-51．

陈辉，姜伯乐，陈端，2013．某电站泄洪雾流降雨数值计算研究[J]．长江科学院院报，30（8）：58-62．

戴丽荣，张云芳，张华，等，2003．挑流泄洪雾化影响范围的人工神经网络模型预测[J]．水利水电技术，34（5）：5-9．

杜兰，卢金龙，李利，等，2017．大型水利枢纽泄洪雾化原型观测研究[J]．长江科学院院报，34（8）：59-63．

黄国情，吴时强，陈惠玲，2008．高坝泄洪雾化模型试验研究[J]．水利水运工程学报（4）：91-94。

李渭新，王韦，许唯临，等，1999．挑流消能雾化范围的预估[J]．四川联合大学学报（工程科学版），3（6）：17-23．

李旭东，游湘，黄庆，2006．溪洛渡水电站枢纽泄洪雾化初步研究[J]．水电站设计，22（4）：6-11．

梁在潮，1992．雾化水流计算模式[J]．水动力学研究与进展，7（3）：247-255．

梁在潮，1994．三峡水利枢纽挑流雾化流问题的研究[J]．武汉水利电力大学学报，27：636-642．

梁在潮，1996．雾化水流溅水区的分析和计算[J]．长江科学院院报，13（3）：9-13．

梁在潮，刘士和，胡敏良，等，2000．小湾水电站泄流雾化水流深化研究[J]．云南水力发电，16（2）：28-32．

刘昉，练继建，张晓军，等，2010．挑流水舌入水喷溅试验研究[J]．水力发电学报，29（4）：113-117．

刘惠军，任光明，安世泽，2008．乌东德水电站泄洪雾化影响范围研究[J]．甘肃科学学报，20（3）：106-108．

刘继广，1998．李家峡水电站泄洪雾化降雨观测报告[R]．北京：中国水利水电科学研究院．

刘士和，梁在朝，1997．深窄峡谷区泄洪雾化及其影响的研究[J]．武汉水利电力大学学报，30（4）：6-9．

刘宣烈，1989．二滩水电站泄洪水流雾化及其影响的研究[J]．天津大学学报，22（4）：15-23．

刘宣烈，刘钧，1989．三元空中水舌掺气扩散的试验研究[J]．水利学报（11）：10-17．

刘宣烈，安刚，姚仲达，1991．泄洪雾化机理和影响范围的探讨[J]．天津大学学报（特刊）：30-36．

刘宣烈，刘钧，姚仲达，安刚，1989．空中掺气水舌运动轨迹及射距[J]．天津大学学报（2）：23-30．

刘之平，刘继广，郭军，2000．二滩水电站高双曲拱坝泄洪雾化原型观测报告[R]．北京：中国水利水电科学研究院．

刘之平，柳海涛，孙双科，2014．大型水电站泄洪雾化计算分析[J]．水力发电学报，33（2）：111-115．

刘志国，柳海涛，孙双科，等，2018．丰满水电站重建工程挑流消能方案泄洪雾化研究[J]．水利水电技术，49（1）：108-113．

柳海涛，刘之平，孙双科，2010．泄洪雨雾输运的数学模型研究[J]．四川大学学报（工程科学版），42（3）：78-83．

柳海涛，孙双科，郑铁刚，等，2016．两河口水电站泄洪雾化影响分析[J]．水力发电，42（11）：54-57．

罗福海，李伟，向光红，2009．水布垭电站泄洪雾化影响分析及防护设计[J]．水利水电快报，30（11）：37-39．

齐春风，练继建，刘昉，等，2017．玛尔挡水电站泄洪雾化数学模型研究[J]．水利水电技术，48（12）：106-110，194．

四川大学水力学与山区河流开发保护国家重点实验室，2008．洪渡河石垭子水电站泄洪雾化影响数学模型计算分析及防护措施研究[R]．成都：四川大学．

孙双科，刘之平，2003．泄洪雾化降雨的纵向边界估算[J]．水利学报（12）：53-58．

王劲，罗玉龙，殷亮，等，2014．某水电站左岸边坡泄洪雾化防护措施比选[J]．河海大学学报（自然科学版），42（6）：553-558．

王思莹，陈端，侯冬梅，2013．泄洪雾化源区降雨强度分布特性试验研究[J]．长江科学院院报，30（8）：70-74．

王思莹，刘向北，陈端，2015．挑流水舌泄洪雾化源形成过程研究[J]．长江科学院院报，32（2）：53-57．

吴持恭，杨永森，1994．空中自由射流断面含水浓度分布规律研究[J]．水利学报（7）：1-11．

吴时强，吴修锋，周辉，等，2008．底流消能方式水电站泄洪雾化模型试验研究[J]．水科学进展，19（1）：84-88．

肖光斌，1994．高坝泄洪水流雾化问题研究综述[C]//泄水工程与高速水流信息网第四届会议论文集．北京：中国长江科学院：134-139．

杨名玖，王军，宋长虹，2007．鸡西市青恣山水库挑流消能时雾化范围的预估[J]．黑龙江水利科技，35（5）：35-36．

姚克烨，曲景学，2007．挑流泄洪雾化机理与分区研究综述[J]．东北水利水电，25（4）：7-9．

姚克烨，曲景学，谢波，2007．泄洪雾化溅水区纵向范围的估算[J]．南水北调与水利科技，5（3）：101-102．

张华，练继建，2004a．应用水滴随机喷溅数学模型预测挑流泄洪雾化的雨强分布[J]．三峡大学学报（自然科学版），26（3）：210-213．

张华，练继建，2004b．掺气水舌运动微分方程及其数值解法[J]．水利水电技术，35（5）：46-48．

张华，练继建，王善达，2003a．湾塘水电站泄流雾化的数值计算[J]．水利学报（4）：8-14．

张华，练继建，李会平，2003b．挑流水舌的水滴随机喷溅数学模型[J]．水利学报（8）：21-25．

周辉，陈慧玲，1994．挑流泄洪雾化降雨的模糊综合评判方法[J]．南京水利科学研究院，1：165-170．

周辉，陈惠玲，吴时强，2008．宽尾墩的泄洪消能效果与雾化影响[J]．水力发电学报，27（1）：58-63．

周辉，吴时强，陈惠玲，2009．泄洪雾化降雨模型相似性探讨[J]．水科学进展，20（1）：58-62．

# 第 3 章　入渗问题及其求解

## 3.1　概　　述

与自然降雨入渗不同，泄洪雾化降雨的入渗具有以下特点。

1）有积水的地面入渗。泄洪雾化降雨的降雨量和雨强均远远大于自然降雨。因此，在Ⅲ级大暴雨区至Ⅵ级强溅水区的范围内，雨强将超过地面下渗能力，形成有积水的地面入渗。其典型含水量剖面可分为 4 个区（李新强和谢兴华，2009），即地表有一薄层的饱和带，饱和带以下是过渡带，过渡带以下是传导层，传导层以下是湿润层，直至湿润锋。

2）入渗边界的入渗量变化大。泄洪雾化降雨的入渗边界是泄洪雾化降雨区范围内的边坡表面。这一范围内的降雨量分布和雨强极不均匀，因此，入渗边界的入渗量变化很大。在雨强低于地面下渗能力的地方（如Ⅰ级大雨区及Ⅱ级暴雨区的部分区域），地表无积水，入渗边界是非饱和渗流的流量边界；在雨强超过地面下渗能力的地方（如Ⅲ级大暴雨区至Ⅵ级强溅水区范围），地表有积水，入渗边界是饱和渗流的流量边界。

3）雾化降雨的入渗是三维非饱和-饱和渗流。泄洪雾化降雨在边坡范围内雨强分布极不均匀，入渗边界的入渗量变化大，侧向渗流分量不能忽略。

### 3.1.1　有积水入渗的典型含水量分布剖面

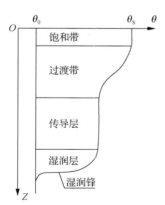

图 3.1　典型含水量分布剖面

在雨强大于地面下渗能力的泄洪雾化区范围内，将形成有积水的地面入渗，根据 Coleman 和 Bodman 的研究，由地表向下，入渗过程中的典型含水量分布剖面可分为 4 个区（张蔚榛，1996），如图 3.1 所示。

1.　饱和带

在地表面以下分布有一薄层饱和带，为雨水入渗形成的表层暂态饱和区，水质点受重力作用，以垂直向下的饱和渗流为主，渗流遵从饱和流达西定律。

2.　过渡带

饱和带以下是含水量变化较大的过渡带，水质点受重力和基质吸力作用，成为垂直向下的非饱和渗流，渗流遵从 Richards 延伸的非饱和流达西定律。

**3. 传导层**

过渡带以下是含水量分布较均匀的传导层，水质点受重力和基质吸力作用，成为垂直向下的非饱和渗流，渗流遵从 Richards 延伸的非饱和流达西定律。

**4. 湿润层**

传导层以下是湿润程度随深度迅速减小的湿润层，该层湿度梯度越向下越陡，直到湿润锋水质点受重力和基质吸力作用，成为垂直向下的非饱和渗流，渗流遵从 Richards 延伸的非饱和流达西定律。

随着入渗时间延续，传导层会不断向深层发展，湿润层和湿润锋会下移，含水量分布曲线逐渐变平缓。

## 3.1.2　入渗率随时间变化规律

边坡表面入渗的速率随时间而变化，与边坡表面非饱和土的原始湿度和基质吸力有关，同时也与边坡剖面上岩土体条件、结构等因素有关。在整个入渗过程中，入渗率的变化可分为 3 个阶段。

1）入渗初始阶段（Ⅰ阶段）：边坡表层岩土体的水势梯度较陡，雨水在重力和基质吸力作用下，入渗率达到最大的岩土体入渗强度。

2）入渗率下降阶段（Ⅱ阶段）：随着雨水渗入边坡土体中，边坡土体的基质吸力下降。湿润层的下移使基质吸力梯度减小，入渗率减小。

3）稳定入渗阶段（Ⅲ阶段）：入渗率逐渐减小最后接近于常量，最终达到稳定入渗阶段（图 3.2）。

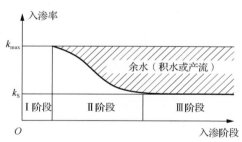

图 3.2　入渗率随时间的变化

雨强对入渗的过程也有影响，具体如下。

1）对于雨强较大的泄洪雾化区，雾化降雨强度大于岩土体饱和水力传导度，边坡表层达到饱和，形成产流，进入稳定入渗阶段。

2）对于雨强较小的泄洪雾化区，雾化降雨强度小于岩土体饱和水力传导度，入渗强度等于该湿度条件下的非饱和土水力传导度。

### 3.1.3　泄洪雾化降雨入渗影响因素

泄洪雾化降雨的入渗与入渗前边坡的初始基质吸力状态、边坡岩土体的渗透性、地下水埋深条件、不透水层的流量有关。

**1．入渗前边坡的初始基质吸力状态**

边坡初始基质吸力状态影响入渗的水势梯度及入渗率。

**2．边坡岩土体的渗透性**

1）在泄洪雾化降雨雨强小于边坡岩土体渗水能力的区域，入渗强度主要取决于泄洪雾化雨强，边坡表面含水量随入渗而逐渐提高，直至达到一个稳定值。

2）在泄洪雾化降雨雨强大于边坡岩土体渗水能力的区域，入渗强度取决于土体的入渗性能，这样就会形成地表积水或产生径流。

**3．地下水埋深条件**

1）当地下水埋深较浅，且地下水位变化很小或基本保持不变时，潜水面处岩土体含水量为饱和含水量；当地下水位随时间而变化时，即地下水埋深 $d$ 为时间 $t$ 的函数 $d(t)$ 时，地下水面处基质吸力为零。

2）当地下水埋深较深时，计算范围内边坡剖面下边界的含水量保持初始含水量。

**4．不透水层的流量**

不透水层的流量（水汽通量）等于零。

# 3.2　入渗过程中的水势和渗流定律

## 3.2.1　地下水势

地下水势是一个衡量地下水能量的指标，是指在地下连续介质和水的平衡系统中，单位数量的纯自由水在恒温条件下，移动到参照状态所能做的功。此处的参照状态是指标准大气压情况下，与地下水具有相同温度（或某一特定温度），处于某一固定高度的假想纯自由水体。在饱和带中，水势大于参照状态的水势；在非饱和带中，地下水受毛细作用和吸附力的限制，水势低于参照状态的水势。

地下水势由各分势组成，可写成以下表达式：

$$\psi = \psi_g + \psi_s + \psi_p(\psi_m) \tag{3.1}$$

式中，$\psi$ 为地下水的总势能；$\psi_g$ 为重力势；$\psi_p$ 为压力势，$\psi_m$ 为基质势；$\psi_s$ 为溶质势（渗透压势）。

### 1. 重力势

重力势指相对于基准面的单位质量的水所具有的重力势能，具有长度单位，一般称为水头。重力水头又称位置水头，它仅与计算点和参照基准面的相对位置有关，与连续介质条件无关。

在基准面以上 $Z$ 高度处，重力势 $\psi_g = Z$；在基准面以下 $Z$ 高度处，重力势为 $\psi_g = -Z$。

### 2. 溶质势（渗透压势）

溶质势（渗透压势）是指可溶盐溶于地下水产生的溶液与周围相对纯净地下水之间存在的势能差。本书所涉及的地下连续介质（不包括盐渍土和污染土）可以不考虑溶质势。

### 3. 广义的压力势

广义的压力势指地下水相对于大气压力而存在的势能差。在地下水面处，广义压力势为零；地下水面以下饱和区的广义压力势为正值；地下水面以上非饱和区的广义压力势为负值，常被称为毛管势或基质势。

### 4. 饱和/非饱和带的地下水势

在饱和带中，地下水具有的压力势为静水压力，为正值，其总水势用总水头 $H$ 表示，即

$$H = h + z \tag{3.2}$$

式中，$h$ 为压力势 $\psi_p$ 对应的静水压力水头；$z$ 为相对于基准面的位置水头。

在非饱和带中，总水势由基质势和重力势组成，即

$$\psi = \psi_m + \psi_g \tag{3.3}$$

式中，若基质势 $\psi_m$ 以负压水头 $h$ 表示，重力势 $\psi_g$ 以相对于基准面的位置水头 $z$ 表示，则式（3.3）可写成式（3.2）的形式。

## 3.2.2 基质势和基质吸力

由地表入渗的水分在非饱和带运移过程中主要受基质势的控制，是由土颗粒基质的吸附力和毛管力造成的势能。

基质势是由固体颗粒基质与水之间相互作用引起的，可以理解为非饱和土的一种吸水能力，或者说一种负压力势，以自由水为参考标准。基质势为负值，因此可以将基质势定义为吸力，称为基质吸力。弗雷德隆德和拉哈尔佐（1997）认为非饱和土的基质吸力是由收缩膜上的表面张力引起的，与毛细作用有关。其中，非饱和土的概念可以扩展到非饱和等效连续介质，也包括边坡上部非饱和带裂隙极其发育的岩体。

1. 表面张力

非饱和土孔隙中的水-气分界面就是收缩膜。在收缩膜内的水分子有一指向水体内部的不平衡力的作用（图 3.3 中的 $\Delta U$），为保持平衡，收缩膜内必须产生张力（图 3.3 中的 $T_s$），称为表面张力，其作用方向与收缩膜表面相切，其大小随温度的增加而减小。

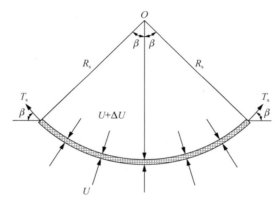

图 3.3　作用于收缩膜上的压力和表面张力

表面张力的产生是由于收缩膜内的水分子受力不平衡。表面张力使收缩膜具有弹性薄膜的性状，根据平衡条件，可以建立曲面两侧的压力差与表面张力大小及薄膜曲率半径的关系，即

$$\Delta U = \frac{T_s}{R_s} \qquad (3.4)$$

式中，$R_s$ 为薄膜的曲率半径；$\Delta U$ 为薄膜曲面两侧的压力差；$T_s$ 为表面张力。

对于曲率半径各向等值的三维薄膜，应采用拉普拉斯（Laplace）方程，则可将式（3.4）延伸写成：

$$\Delta U = \frac{2T_s}{R_s} \qquad (3.5)$$

2. 基质吸力

在非饱和土中，孔隙气压力 $u_a$ 与孔隙水压力 $u_w$ 是不相等的，并且 $u_a > u_w$，收缩膜承受大于水压力的气压力。压力差（$u_a - u_w$）称为基质吸力。压力差使收缩膜弯曲，式（3.5）可以写成：

$$(u_a - u_w) = \frac{2T_s}{R_s} \tag{3.6}$$

式（3.6）称为开尔文（Kelvin）毛细模型方程。随着土的吸力增大，收缩膜的曲率半径减小。当孔隙气压力和孔隙水压力的差值等于零的时候，曲率半径 $R_s$ 将变成无穷大。因此，吸力为零时，水-气分界面是水平的。

由于收缩膜上表面张力的作用，非饱和土体中存在基质吸力。边坡工程中，为简便起见，通常将大气压力作为压力零点。

1）当孔隙气压力 $u_a$ 为大气压力时，$u_a = 0$。

2）对于饱和土体，孔隙水压力 $u_w \geqslant 0$，为正值，基质吸力 $(u_a - u_w) = 0$。

3）对于非饱和土体，孔隙水压力 $u_w < 0$，为负值，基质吸力 $(u_a - u_w) > 0$。非饱和土体不同于饱和土体的物理力学特性是由于基质吸力的存在引起的。

3. 毛细作用

土中的细小孔隙就像毛细管一样，促使土中水上升到地下水位以上。因此，毛细作用与表面张力引起的基质吸力有关。非饱和土中的毛细上升高度 $h_c$ 为

$$h_c = \frac{2T_s}{\rho_w g r} \tag{3.7}$$

式中，$\rho_w$ 为水的密度；$g$ 为重力加速度；$r$ 为土体的孔隙半径。

式（3.7）显示，毛细上升高度 $h_c$ 与土体孔隙半径 $r$ 呈反比关系。土体孔隙半径控制着毛细上升的高度，同时，毛细上升高度和水面的曲率半径同土的土-水特征曲线有直接联系，这种联系对于曲线的吸湿部分和脱湿部分是不同的。

将式（3.6）中的曲率半径 $R_s$ 等于土体的孔隙半径 $r$，并将式（3.6）代入式（3.7）中，就得到基质吸力（$u_a - u_w$）与毛细上升高度 $h_c$ 的关系，具体为

$$(u_a - u_w) = \rho_w g h_c \tag{3.8}$$

式（3.8）显示，非饱和土的基质吸力与毛细上升高度成正比；毛细上升高度越大，基质吸力越大。

## 3.2.3　渗流定律

雾化降雨的雨水从边坡表面，在重力和基质吸力作用下，以向下运动为主，进入非饱和区，最终到达潜水面，这就是雾化雨的入渗。在这个过程中，雨水经历了一个从非饱和到饱和的渗流过程。在饱和区，遵循达西定律；在非饱和区，遵循 Richards 延伸的非饱和流达西定律。

1. 饱和渗流情况下的达西定律

达西于 1852~1855 年通过饱和砂土渗流试验,发现了水的宏观流动规律,即

$$v = -k_S \frac{\mathrm{d}H_P}{\mathrm{d}L} \tag{3.9}$$

式中,$v$ 为观测到的全断面平均渗流速度;$H_P$ 为饱和流场的水头;$L$ 为渗透路径的长度;$k_S$ 为饱和渗透系数。

式(3.9)即为著名的达西定律。达西定律是一个经验定律,它符合纳维-司托克斯(Navier-Stokes)方程。

2. 非饱和渗流情况下延伸的达西定律

Richards(1931 年)将达西定律延伸应用于非饱和流中,并规定导水率为非饱和土基质势 $\psi_m$ 的函数,即

$$v = k(\psi_m) \frac{\mathrm{d}h}{\mathrm{d}L} = k(\theta) \frac{\mathrm{d}h}{\mathrm{d}L} \tag{3.10}$$

式中,$k(\psi_m), k(\theta)$ 为导水率,是非饱和土基质势 $\psi_m$ 或含水量 $\theta$ 的函数;$h$ 为非饱和土基质势对应的负压水头。

通常,达西定律对于饱和与非饱和流均适用,即水流通量与势能梯度成正比。在饱和土中,水压力为正值,其总水头包括了由该点在地下水面以下深度来确定的静水压力(正值)和相对于基准面高度来确定的位置水头,总水头为压力水头和位置水头之和;在非饱和土中,水压力为负值,地下水势只考虑重力势和基质势,而不考虑溶质势、温度势、气压势、荷载势等时,总水头常以负压水头和位置水头之和来表示。

# 3.3　Green-Ampt 入渗模型及其改进

泄洪雾化降雨的入渗问题可以借鉴自然降雨入渗模型来近似求解。

## 3.3.1　Green-Ampt 模型

Green 和 Ampt(1911)提出了一种基于毛管理论的简化入渗模型。假设土的孔隙是由大量直径不同的毛细管组成;水分在入渗过程中,湿润锋面是近似水平的;湿润锋面上各点的基质势均为 $\psi_m$;锋面以上土的含水量 $\theta$ 是均匀的,所以非饱和渗透系数 $k(\theta)$ 也为常数。该模型又称为活塞模型。

刘继龙等(2010)依据不同土壤质地的入渗试验结果,建立了两种显函数形

式的计算格式；范文涛等（2012）基于杨凌、烟台和安塞的土壤，分别建立了显函数形式的计算格式的近似解；唐岳灏和路立新（2017）通过构造一组幂函数作为基函数，并使近似解与精确解之间的误差最小，从而给出了高精度的显函数格式近似解，达到了对 Green-Ampt 模型的逼近。

根据达西定律，单位面积的入渗量 $q_i$ 为

$$q_i = -k(\theta)J = -k(\theta)\frac{Z_0 + \psi_m + z_s}{z_s} \tag{3.11}$$

式中，$Z_0$ 为地面积水层的厚度；$J$ 为水势梯度；$z_s$ 为湿润锋面推进距离；$\psi_m$ 为湿润锋面上各点的基质势（计算时换算成负压水头）。

依据水量平衡原理，可以推求出任何 $t$ 时刻入渗锋面所到达的位置，即

$$t = \frac{\theta_s - \theta_0}{k(\theta_s)}\left[z_s - (Z_0 + \psi_m)\ln\frac{Z_0 + \psi_m + z_s}{Z_0 + \psi_m}\right] \tag{3.12}$$

式中，$\theta_s$ 为饱和含水量；$\theta_0$ 为初始含水量。

某时刻 $t$ 单位入渗面的累计入渗量 $I_a$ 为

$$I_a = (\theta_s - \theta_0)z_s \tag{3.13}$$

入渗强度 $i$ 为

$$i = \frac{dI_a}{dt} = (\theta_s - \theta_0)\sqrt{\frac{k(\theta_s)(Z_0 - \psi_m)}{2(\theta_s - \theta_0)}}\,t^{-1/2} \tag{3.14}$$

入渗初期，$t$ 很小，则有

$$z_s = \sqrt{\frac{2k(\theta_s)}{\theta_s - \theta_0}(Z_0 + \psi_m)}\,\sqrt{t} \tag{3.15}$$

式（3.15）表明，入渗初期，湿润锋面推进距离 $z_s$ 与 $\sqrt{t}$ 成正比。

入渗足够长时间时，入渗强度为

$$i \approx k(\theta_s) \tag{3.16}$$

式（3.16）表明，入渗强度近似等于饱和渗透系数。

地面无积水时，$Z_0 \to 0$，入渗 $t$ 时刻锋面所到达的位置为

$$z_s - \psi_m\ln(\psi_m - z_s) = \frac{k(\theta_s)}{\theta_s - \theta_0}t - \psi_m\ln\psi_m \tag{3.17}$$

## 3.3.2　修正的 Green-Ampt 模型

应用 Green-Ampt 模型，进行边坡降雨入渗分析尚存在两个理论上的不严密：①传统 Green-Ampt 模型假设地面是水平的，而边坡表面为斜面；②Green-Ampt 模型假设土体初始含水量沿深度方向是均匀分布的，而实际监测资料表明，受环

境边界条件的影响，土体初始含水量的分布存在多种可能，并非一定是均匀分布的。

张洁等（2016）假设初始地下水位与边坡面平行，推导出边坡面上初始含水量为非均匀分布条件下的 Green-Ampt 入渗模型。若斜坡坡角为 $\alpha$；降雨强度为 $I$；深度 $y$ 处的初始含水量为 $\theta_0(y)$；饱和含水量为 $\theta_s$。由质量守恒原理可知，累计入渗量 $I_a$ 与湿润锋深度 $y$ 的关系式为

$$I_a = \int_0^y [\theta_s - \theta_0(y)] \mathrm{d}y \qquad (3.18)$$

根据 Horton 降雨入渗原型，在产生积水前，降雨全部被土体吸收，此时垂直于坡面方向的降雨入渗速率 $i_v$ 为

$$i_v = I\cos\alpha = \frac{\mathrm{d}I_a}{\mathrm{d}t} \qquad (3.19)$$

式（3.18）代入式（3.19）得到积水前入渗深度和雨强的关系，即

$$\frac{\mathrm{d}y}{\mathrm{d}t} = \frac{I\cos\alpha}{\theta_s - \theta_0(y)} \qquad (3.20)$$

刚产生积水时，降雨入渗速度等于水流在土壤中的渗流速度。令 $\psi_m$ 代表湿润锋处的基质吸力；$y_P$ 代表刚好产生积水时的临界入渗深度；$k_w$ 代表湿润锋以上的渗透系数。降雨雨强刚好等于入渗速率 $i_v$。则产生积水时的湿润锋表达式为

$$y_P = \frac{\psi_m}{\left(\dfrac{I}{k_w} - 1\right)\cos\alpha} \qquad (3.21)$$

产生积水的时间 $t_P$ 为

$$t_P = \frac{I_a}{I\cos\alpha} \qquad (3.22)$$

边坡面上初始含水量在任意分布条件下，入渗深度与降雨时间的关系为

$$\frac{\mathrm{d}y}{\mathrm{d}t} = \begin{cases} \dfrac{I\cos\alpha}{\theta_s - \theta_0(y)}, & t \leqslant t_P \\[3mm] k_w \dfrac{y\cos\alpha - \psi_m}{y[\theta_s - \theta_0(y)]}, & t > t_P \end{cases} \qquad (3.23)$$

式（3.23）表明，降雨过程中入渗深度是时间的微分方程。初始含水量为任意分布情况时，该方程无解析解。可以采用四阶龙格-库塔法对其进行求解。

令 $\mathrm{d}y/\mathrm{d}t = f(y,t)$，采用龙格-库塔方法求解式（3.23）的迭代公式为

$$y_{i+1} = y_i + \frac{\Delta t}{6}(K_1 + 2K_2 + 2K_3 + K_4) \qquad (3.24)$$

其中，

$$K_1 = \Delta t f(y_i, t_i)$$

$$K_2 = \Delta t f\left(y_i + z_D/2, t_i + \frac{K_1}{2}\right)$$

$$K_3 = \Delta t f\left(y_i + z_D/2, t_i + \frac{K_2}{2}\right)$$

$$K_4 = \Delta t f(y_i + z_D, t_i + K_3)$$

式中，$z_D$ 为非饱和带厚度。

对比 Richards 方程的计算结果，发现由修正的 Green-Ampt 模型计算的湿润锋位置，位于由 Richards 方程获得的孔隙水压力过渡段内，且靠近饱和区位置。总体而言，两种方法计算所得的孔隙水压力分布类似，湿润锋位置接近。

Li 等（2006）根据边坡降雨入渗的特点，将 Green-Ampt 模型修正为

$$i = k(\theta_s)\frac{z_s\cos^2\alpha + \psi_m + Z_0}{z_s\cos\alpha} \tag{3.25}$$

于是，湿润锋面推进距离 $z_s$ 与时间 $t$ 的关系为

$$z_s = \sqrt{\frac{2k(\theta_s)\psi_m}{\Delta\theta\cos^2\alpha}}\sqrt{t} \tag{3.26}$$

式（3.25）和式（3.26）是适用于边坡的 Green-Ampt 模型修正公式，求解简单，应用较多。

## 3.4　Philip 入渗模型

来自地表的入渗是垂直入渗。一维垂直入渗的基本方程为

$$-\frac{\partial z}{\partial t} = \frac{\partial}{\partial\theta}\left[\frac{D(\theta)}{\frac{\partial z}{\partial\theta}}\right] - \frac{\mathrm{d}k(\theta)}{\mathrm{d}\theta} \tag{3.27}$$

式中，$z$ 为渗深度；$D(\theta)$ 为扩散度，表示单位含水率梯度下，通过单位面积的水流量，其值为土体含水率的函数。

一类边界的定界条件为

$$\begin{cases} \theta = \theta_i, & z > 0; & t = 0 \\ \theta = \theta_0, & z = 0; & t > 0 \\ \theta = \theta_i, & z \to \infty; & t > 0 \end{cases} \tag{3.28}$$

Philip 入渗模型的级数解形式为

$$z(\theta, t) = \eta_1(\theta)t^{1/2} + \eta_2(\theta)t^1 + \eta_3(\theta)t^{3/2} + \eta_4(\theta)t^2 + \cdots$$

$$= \sum_{i=1}^{\infty}\eta_i(\theta)t^{i/2} \tag{3.29}$$

相应的边界条件为

$$\begin{cases} \eta_1(\theta_0) = \eta_2(\theta_0) = \cdots = \eta_n(\theta_0) = 0 \\ \eta_1(\theta_i) \to \infty \end{cases} \quad (3.30)$$

若求得式（3.29）中系数 $\eta_i(\theta)$ 的值，则可求得入渗区域地表以下土中达到某含水量 $\theta$ 时的位置 $z$。另外，其可以用待定系数法求解。式（3.27）可改写成以下形式：

$$D(\theta)\frac{\partial^2 z}{\partial \theta^2} + \frac{\mathrm{d}k(\theta)}{\mathrm{d}\theta}\left(\frac{\partial z}{\partial \theta}\right)^2 - \frac{\partial z}{\partial t}\left(\frac{\partial z}{\partial \theta}\right)^2 - \frac{\mathrm{d}D(\theta)}{\mathrm{d}\theta}\frac{\partial z}{\partial \theta} = 0 \quad (3.31)$$

将式（3.29）代入式（3.31），整理得

$$\xi_1 t^{1/2} + \xi_2 t + \xi_3 t^{3/2} + \xi_4 t^2 + \cdots = \sum_{i=1}^{\infty} \xi_i t^{i/2} = 0 \quad (3.32)$$

式中，前 4 项系数 $\xi_1$、$\xi_2$、$\xi_3$、$\xi_4$ 分别为

$$\begin{cases} \xi_1 = D(\theta)\eta_1''(\theta) - 0.5\eta_1(\theta)[(\eta_1'(\theta))^2 - D'(\theta)\eta_1'(\theta)] \\ \xi_2 = D(\theta)\eta_2''(\theta) + k(\theta)[\eta_1'(\theta)]^2 - [\eta_1'(\theta)]^2\eta_2(\theta) \\ \quad - \eta_1(\theta)\eta_1'(\theta)\eta_2'(\theta) - D'(\theta)\eta_2'(\theta) \\ \xi_3 = D(\theta)\eta_3''(\theta) + 2k'(\theta)\eta_1'(\theta)\eta_2'(\theta) - 1.5\eta_3(\theta)[\eta_1'(\theta)]^2 \\ \quad - 2\eta_2(\theta)\eta_1'(\theta)\eta_2'(\theta) - \eta_1(\theta)\eta_1'(\theta)\eta_3'(\theta) \\ \quad - 0.5\eta_1(\theta)[\eta_2'(\theta)]^2 - D'(\theta)\eta_3'(\theta) \\ \xi_4 = D(\theta)\eta_4''(\theta) + 2k'(\theta)\{2\eta_1'(\theta)\eta_3'(\theta) + [\eta_2'(\theta)]^2\} \\ \quad - 2[\eta_1'(\theta)]^2\eta_4(\theta) - 3\eta_1'(\theta)\eta_2'(\theta)\eta_3(\theta) \\ \quad - 2\eta_1'(\theta)\eta_3'(\theta)\eta_2(\theta) - [\eta_2'(\theta)]^2\eta_2(\theta) \\ \quad - \eta_1'(\theta)\eta_4'(\theta)\eta_1(\theta) - \eta_2'(\theta)\eta_3'(\theta)\eta_1(\theta) - D'(\theta)\eta_4'(\theta) \end{cases} \quad (3.33)$$

根据式（3.32），则 $\xi_1 = \xi_2 = \xi_3 = \xi_4 = \cdots = 0$，可得

$$\begin{cases} \dfrac{\mathrm{d}}{\mathrm{d}\theta}\left[\dfrac{D(\theta)}{\dfrac{\mathrm{d}\eta_1(\theta)}{\mathrm{d}\theta}}\right] = -\dfrac{1}{2}\eta_1(\theta) \\[4mm] \displaystyle\int_{\theta_i}^{\theta}\eta_2(\theta)\mathrm{d}\theta = D(\theta)\left[\dfrac{\mathrm{d}\theta}{\mathrm{d}\eta_1(\theta)}\right]^2\dfrac{\mathrm{d}\eta_2(\theta)}{\mathrm{d}\theta} + [k(\theta) - k(\theta_i)] \\[4mm] \dfrac{3}{2}\displaystyle\int_{\theta_i}^{\theta}\eta_3(\theta)\mathrm{d}\theta = D(\theta)\left[\dfrac{\mathrm{d}\theta}{\mathrm{d}\eta_1(\theta)}\right]^2\dfrac{\mathrm{d}\eta_3(\theta)}{\mathrm{d}\theta} - D(\theta)\left[\dfrac{\mathrm{d}\theta}{\mathrm{d}\eta_1(\theta)}\right]\left[\dfrac{\mathrm{d}\eta_3(\theta)}{\mathrm{d}\eta_1(\theta)}\right]^2 \\[4mm] 2\displaystyle\int_{\theta_i}^{\theta}\eta_4(\theta)\mathrm{d}\theta = D(\theta)\left[\dfrac{\mathrm{d}\theta}{\mathrm{d}\eta_1(\theta)}\right]^2\dfrac{\mathrm{d}\eta_2(\theta)}{\mathrm{d}\theta} \\[4mm] \qquad\qquad - D(\theta)\left[\dfrac{\mathrm{d}\theta}{\mathrm{d}\eta_1(\theta)}\right]\left[\dfrac{\mathrm{d}\eta_2(\theta)}{\mathrm{d}\eta_1(\theta)}\right]^2\left[2\dfrac{\mathrm{d}\eta_3(\theta)}{\mathrm{d}\eta_2(\theta)} - \dfrac{\mathrm{d}\eta_2(\theta)}{\mathrm{d}\eta_1(\theta)}\right] \end{cases} \quad (3.34)$$

在式（3.34）中，若已求得 $\eta_1(\theta)$，则可逐步求得 $\eta_2(\theta)$、$\eta_3(\theta)$、$\eta_4(\theta)\cdots$，即可求得方程（3.27）的解。由于收敛较快，求得式（3.29）的前 4 项就足够精确了。Philip 入渗模型的求解过程复杂，对于历时较长的降雨误差较大。

Philip（1957）基于一维水分运动基本方程解提出了垂直一维积水入渗的半理论半经验公式，累积入渗量 $I_a$ 表示为

$$I_a = St^{1/2} + At \tag{3.35}$$

式中，$S$ 为土壤吸湿率；$A$ 为稳定入渗率。

入渗率 $i$ 表示为

$$i = \frac{1}{2}St^{-1/2} + A \tag{3.36}$$

Philip 入渗式（3.35）和式（3.36）可以很好地描述非饱和条件下的土体水分入渗特性（范军亮和张富仓，2010）。张振华等（2006）通过建立 Philip 公式参数与 Green-Ampt 入渗模型参数的关系，得到了入渗率近似解。

## 3.5　偏微分方程数值解

### 3.5.1　基本微分方程及定解条件

连续介质中的水分运动一般遵循达西定律（包括 Richards 延伸的非饱和渗流达西定律），且符合质量守恒的连续性原理。因此，边坡入渗的饱和-非饱和渗流控制方程如下：

$$\sum_{i=1}^{3}\sum_{j=1}^{3}\frac{\partial}{\partial x_i}\left[k(\psi_m)_{ij}\frac{\partial}{\partial x_i}(h+x_3)\right] + R = [C(\psi_m)+\lambda S]\frac{\partial h}{\partial t} \tag{3.37}$$

式中，$h$ 在饱和区，为压力势 $\psi_p$ 对应的压力水头，在非饱和区，为基质势 $\psi_m$ 对应的负压力水头；$k(\psi_m)_{ij}$ 为渗透系数，在非饱和区为基质势 $\psi_m$ 的函数，在饱和区为饱和渗透系数 $k_S$；$C(\psi_m)$ 为比水容量（也称容水度），$C(\psi_m)=\partial\theta/\partial h$，表示压力水头减小一个单位时，自单位体积介质中所能释放出的水体积，量纲为 $L^{-1}$，它反映了毛细压力与饱和度的关系；$S$ 为贮水系数；$\lambda$ 为系数，在饱和区，$\lambda=0$，在非饱和区，$\lambda=1$；$R$ 为降雨入渗的供水强度；$x_1,x_2,x_3$ 分别表示笛卡儿坐标系中的 $x$ 轴，$y$ 轴，$z$ 轴，其中 $z$ 轴($x_3$)为正向向上的铅直轴。

1. 初始条件

初始条件为入渗前边坡的初始基质吸力状态。由压力水头描述：

$$h(x_i,0) = h_a(x_i), \qquad i=1,2,3 \tag{3.38}$$

式中，$h_a(x_i)$ 为 $x_i$ 的给定函数。

2. 边界条件

（1）第一类边界条件 $\Gamma_1$

边界 $\Gamma_1$ 上，水压力为已知（饱和区水压力为正值，代表压力势 $\psi_p$；非饱和区水压力为负值，代表基质势 $\psi_m$），即

$$h(x_i,t)=h_b(x_i,t) \qquad i=1,2,3 \tag{3.39}$$

式中，$h_b(x_i,t)$ 为边界上 $t$ 时刻的 $x_i$。

（2）第二类边界条件 $\Gamma_2$

边界 $\Gamma_2$ 上，水流通量为已知，即

$$\sum_{i=1}^{3}\left[\sum_{j=1}^{3}k(\psi_m)_{ij}\frac{\partial h}{\partial x_j}+k_{i3}\right]n_i=-q_g(x_i,t)=\varepsilon(t) \tag{3.40}$$

式中，$n_i$ 为边界面法向矢量的第 $i$ 个分量；$q_g(x_i,t)$ 为 $\Gamma_2$ 边界上的水流通量；$\varepsilon(t)$ 为边界补给强度，入渗时为正值，蒸发时为负值。

（3）第三类边界条件 $\Gamma_3$

水流通量随边界 $\Gamma_3$ 上的变量（含水量或水压力）值的变化而变化。一般形式为

$$\alpha_1\nabla f+\alpha_2 f=\alpha_3 \tag{3.41}$$

式中，$\nabla$ 为哈密顿算子；$f$ 为变量；$\alpha_1,\alpha_2,\alpha_3$ 为待定系数。

### 3.5.2 控制方程离散为代数方程组

采用有限单元法对降雨入渗过程进行数值模拟，用 Galerkin 有限单元法将控制方程（3.37）离散为代数方程组，则有

$$\sum_{m=1}^{NP}\left[\frac{1}{2}A_{nm}+\frac{1}{\Delta t}F_{nm}\right]h_m^{k+1}=\boldsymbol{Q}_n-\boldsymbol{B}_n-\boldsymbol{D}_n-\sum_{m=1}^{NP}\left[\frac{1}{2}A_{nm}-\frac{1}{\Delta t}F_{nm}\right]h_m^k \tag{3.42}$$

其中，

$$A_{nm}=\sum_e\left[\sum_{i=1}^{3}\sum_{j=1}^{3}k^e(\psi_m^k)_{ij}\iiint_{G_e}\frac{\partial N_n^e}{\partial x_i}\frac{\partial N_m^e}{\partial x_j}\,\mathrm{d}G\right]$$

$$F_{nm}=\begin{cases}\sum_e\iiint_{G_e}[C^e(\psi_m^k)+\lambda S^e]N_n^e N_m^e\,\mathrm{d}G, & n=m\\ 0, & n\neq m\end{cases}$$

$$\boldsymbol{Q}_n=\sum_e\iint_{\Gamma_2}N_n^e\sum_{i=1}^{3}\left[\sum_{j=1}^{3}k^e(\psi_m^k)_{ij}\frac{\partial}{\partial x_i}(N_m^e h_m^k)+k^e(\psi_m^k)_{i3}\right]n_i\,\mathrm{d}S\Gamma_2$$

$$B_n = \sum_e \left[ \sum_{i=1}^3 k^e (\psi_m^k)_{i3} \iiint_{G_e} \frac{\partial N_n^e}{\partial x_i} \mathrm{d}G \right]$$

$$D_n = \sum_e \iiint_{G_e} R N_n^e \mathrm{d}G$$

式中，NP 为渗流场内未知结点个数；$G$ 为整个渗流场模拟区域；$N_n^e$，$N_m^e$ 为有限元的单元形函数；$A_{nm}$ 为渗透矩阵；$F_{nm}$ 为连续介质持水性质列阵；$Q_n$ 为第二类边界条件列阵；$B_n$ 为第一类边界条件列阵；$D_n$ 为源汇项（降雨入渗量）列阵；$h_m^{k+1}$，$h_m^k$ 为 $K+1$，$K$ 时刻水势，其在非饱和区为基质势（负值水头）；饱和区为压力水头；$\Delta t$ 为时间步长。

### 3.5.3　非线性方程组求解方法讨论

由于饱和-非饱和渗流有限元计算格式 [式（3.42）] 中的系数矩阵 $A_{nm}$、$F_{nm}$、$Q_n$、$B_n$、$D_n$ 随未知量（$h_m^{k+1}$, $h_m^k$）而变化，即在非饱和区介质的渗透系数 $k(\psi_m)_{ij}$ 和容水度 $C(\psi_m)$ 为介质的基质势 $\psi_m$ 的函数。于是方程组（3.42）为非线性方程组，需通过迭代法来求解。如果采用收敛速度较快的牛顿-拉弗森（Newton-Raphson）法，则在迭代计算过程中必须求解雅可比（Jacobi）矩阵，不但迭代每一步的工作量很大，而且有时无法求得雅可比矩阵 [当根据基质势 $\psi_m$ 和试验数据来线性内插 $k(\psi_m)_{ij}$ 和 $C(\psi_m)$ 时] 或雅可比矩阵很难用解析表达式来表示 [当 $k(\psi_m)_{ij}$ 和 $C(\psi_m)$ 与 $\psi_m$ 的关系式很复杂时]。为确保收敛速度并减少工作量，采用比卡迭代法（戚国庆等，2000）。具体迭代方法和步骤如下。

1）设定一个迭代收敛条件，即 $\left| h_{l+1}^K + h_l^K \right|_{\max} \leqslant \varepsilon$，其中上标 $K$ 代表第 $K$ 时步，下标 $l+1$ 和 $l$ 分别代表第 $l+1$ 次和第 $l$ 次迭代得到的值，$\varepsilon$ 为前后两次迭代计算结果间的误差允许值。

2）根据 $t^{K-1}$ 和 $t^K$ 时刻的水压力值 $h^{K-1}$ 和 $h^K$，线性外推待求时刻 $t^{K+1}$ 的初始渗流场，即 $h_0^{K+1} = h^K$（$K=0$ 时）或 $h_0^{K+1} = h^K + (\Delta t^K / \Delta t^{K-1})(h^K - h^{K-1})$（$K>0$ 时），$\Delta t^K = t^{K-1} - t^K$。

3）由 $t^{K+(1/2)}$ 时刻的渗流场 $h_l^{K+(1/2)} = (h^K + h_l^{K+1})/2$ 确定出各单元的渗透系数 $k(\psi_m)_{ij}$ 和容水度 $C(\psi_m)$ 后，计算有限元计算格式中的 $A_{nm}$、$F_{nm}$、$Q_n$、$B_n$ 和 $D_n$，用克劳特分解法求解式（3.42）得到新的渗流场 $h_{l+1}^{K+1}$。

4）将 $h_{l+1}^{K+1}$ 和 $h_l^{K+1}$ 进行比较，若 $\left| h_{l+1}^{K+1} + h_l^{K+1} \right|_{\max} \leqslant \varepsilon$，结束迭代进入下一个时步。否则，重复第 3）步和第 4）步直至满足收敛条件。

# 3.6　工程实例：石垭子 11 号滑坡体泄洪雾雨入渗模拟

洪渡河石垭子水电站 11 号滑坡体，位于水电站大坝坝址下游左岸，离坝址约 120m 的斜坡地带，距导流洞出口约 100m，处于水电站泄洪雾雨的影响范围（中国水电顾问集团贵阳勘测设计研究院，2007）。

## 3.6.1　地质模型

### 1. 地貌特征

11 号滑坡体后方以左坝肩下游的陡壁为界，陡壁高 80～290m；前部基本以大水道陡壁顶部 1 号公路、2 号公路之间的岩质边坡为界，前缘以洪渡河为界。滑坡体在平面上呈梯形，并向河床方向凸出，使河流流向由正 N 向转为 N25°E，再转向 N6°E 流出滑坡体范围，形成弧长约 560m 的蛇形河湾，枯水期河水宽 20～35m，枯水期水位 430m 左右，洪水位枯水位相差 6～8m，如图 3.4 所示。

在坝址区上、下游（包括 11 号滑坡体在内）约 1.3km 河段内，软硬岩相间部位以及硬质岩软弱夹层部位，多形成陡壁与塌滑斜坡相间的地貌形态。11 号滑坡体分布高程为 425～570m，沿河向长约 330m，垂直河向宽 170～250m，总体地形坡度较陡，坡角 35°～45°，仅在 485～495m 高程形成宽为 30～40m 的平台，其后缘为较陡的斜坡或陡壁，滑坡体所在峡谷河段内河流阶地发育不明显。

### 2. 滑坡体地层分布

11 号滑坡体的地层分布如下。

（1）滑体

第四系残、坡积-崩塌堆积层（$Q^{el+dl+col}$）：分布于岸坡地带及河床，为孤石、块石、碎石夹黏土，大小混杂，由 ZH2、ZH3 钻孔可知局部为层状变位岩体，滑体厚度一般为 18～36m。

（2）滑坡后壁

二叠系茅口组第二段（$P_1m^2$）：深灰色和灰黑色中厚层灰岩、深灰色和灰黑色厚层灰岩、硅质灰岩，厚 58～62m。位于滑体上游一侧的陡壁处。

二叠系茅口组第一段（$P_1m^1$）：灰黑色和深灰色中厚层灰岩、灰黑色和深灰色薄层灰岩、硅质灰岩、夹黑色薄层状沥青质灰岩，夹黑色薄层状沥青质灰岩含沥青质灰岩、白云质灰岩及沥青质页岩，厚 55～60m。位于滑坡体上游侧陡壁脚。

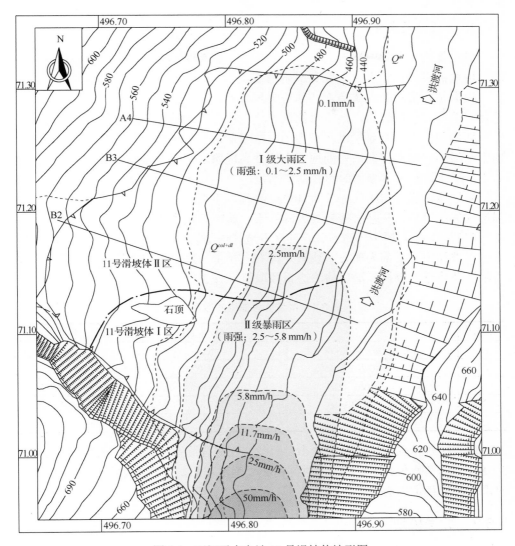

图 3.4　石垭子水电站 11 号滑坡体地形图

（3）滑床（下伏基岩）

二叠系栖霞组第二段（$P_1q^2$）：灰色和深灰色中厚层灰岩、灰色和深灰色薄层灰岩，含燧石团块，层间含炭质，下部 20m 为灰色薄层灰岩夹钙质页岩及沥青质灰岩，厚 150～155m。滑坡体主要坐落于该段地层上。

滑坡体下伏基岩为 $P_1q^2$、$P_1m^1$ 地层，岩层单斜，岩层产状 N45°～55° E，SE∠40°～45°，河流流向为 N26° E，基岩边坡结构为近似顺向坡。下伏基岩未见断层切割，裂隙主要发育于后缘陡壁上，以卸荷裂隙为主，其中以 N50°～70° W，NE∠60°～70° 组最为发育，构成横河向陡壁，在地貌上构成滑坡体与基岩的上游边界。

3. 水文地质条件

滑坡体为单向斜坡地形，雨季以地表径流排泄为主，地下水有两种赋存形式，即上层覆盖层的孔隙水和下伏 $P_1q^2$ 岩溶裂隙水。

根据钻孔资料及地质调查，基岩中虽未见较大泉水出露及较大溶洞发育，但总体岩溶发育程度较高，地下水位低平。上层孔隙水的存在及运移与滑坡体稳定性密切相关。由于覆盖层以块石为主，枯水期地下水排泄较为通畅，钻孔内未见地下水活动。汛期存在短暂的地下水位升高现象。由于覆盖层与基岩接触带为碎石土，透水性较差，暴雨时存在滞留水位。

滑坡体前缘至河床部分（即 460m 高程以下至河床）以块石及孤石为主，属强透水体；滑坡体与基岩接触带为碎石土，属中等透水体；Ⅱ区滑坡体表层为黏土夹碎石、块石，属中等透水体；Ⅱ区滑坡体内部为碎石及黏土，属中等透水体；Ⅰ区滑坡体中、上部为孤石、块石及碎石夹黏土，属中等透水体。根据滑坡体物质组成及渗透性分析，滑坡体渗透系数取值见表 3.1。

表 3.1　滑坡体各部位渗透系数

| 序号 | 位置 | 渗透系数 $k$/（cm/s） | 备注 |
|---|---|---|---|
| 1 | 滑坡体前缘至河床部分 | 0.15 | 460m 高程以下 |
| 2 | 滑坡体与基岩接触带 | $3\times10^{-4}$ | |
| 3 | Ⅰ区滑坡体中、上部 | $8\times10^{-3}$ | 460m 高程以上 |
| 4 | Ⅱ区滑坡体内部 | $4\times10^{-3}$ | 460m 高程以上 |
| 5 | Ⅱ区滑坡体表层 | $2\times10^{-4}$ | |

由于接触带部位渗透系数较小，因此，在遇强降雨时，滑坡体滑面以上存在 $5\sim8$m 的滞留水位，接触带一定时间内处于饱水状态，力学参数较天然状态降低，对滑坡体的稳定性有较大影响。

### 3.6.2　数学模型

洪渡河石垭子水电站 11 号滑坡体处于泄洪雾雨影响范围内，如图 3.4 所示。选取位于石垭子水电站 11 号滑坡体中部的 B2、B3、A4 号工程地质剖面，作为计算剖面。采用二维饱和-非饱和渗流模型，对石垭子水电站 11 号滑坡体泄洪雾雨入渗作用下的饱和-非饱和渗流场进行数值模拟。

计算模型选用式（3.37）进行计算，需要对以下相关参数进行确定。

1. 饱和及非饱和渗透系数

饱和渗透系数依据现场抽水试验及室内渗透试验综合确定。饱和渗透系数的均值为 $k_s=4\times10^{-3}$ cm/s。非饱和渗透系数，根据室内土-水特征曲线试验结果计算得出。非饱和渗透系数 $K_r$ 与基质吸力的关系如图 3.5 所示。

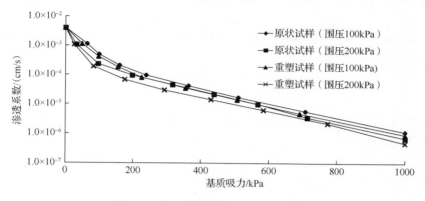

图 3.5　渗透系数与基质吸力的关系图

## 2.　含水量

滑坡岩土体的基本物理性质主要包括天然含水量、密度、液限、塑限等，这些参数的测定是通过考虑体积应变的土-水特征曲线试验获得的，两个土试样（土试样 1 采自 11 号滑坡体 II 区，B3 剖面 500m 高程处，土试样 2 采自 B3 剖面 480m 高程处）基本物理性质见表 3.2。

表 3.2　土样基本物理性质

| 编号 | 天然含水量 $\omega$ /% | 密度 $\rho$ /(g/cm³) | 比重 $G_s$ | 孔隙比 $e_0$ | 饱和度 $S_r$ /% | 液限 $\omega_L$ /% | 塑限 $\omega_P$ /% |
|---|---|---|---|---|---|---|---|
| 试样 1 | 30.3 | 1.73 | 2.73 | 1.06 | 78.3 | 46.8 | 24.5 |
| 试样 2 | 30.7 | 1.75 | 2.73 | 1.04 | 80.7 | 47.4 | 25.6 |

由表 3.2 可以看出，试样 1 和试样 2 物理性质的测定结果相差很小，所以模型计算过程中所用参数可以以试样 1 的实验结果为模型参数计算依据。

1）孔隙比为土中孔隙体积与土体总体积之比。根据表 3.2 可以计算出试样 1 的孔隙率 $n = e/(1+e) = 0.514$，饱和含水量 $\theta_s$ 为 0.386。

2）残余含水量 $\theta_r$ 为 0.303。

## 3.　模型计算参数

模型计算过程中的系数构成关系选用 Van Genuchten 模型，具体参数见表 3.3。

表 3.3　模型计算参数表

| 剖面 | $\theta_s$ | $\theta_r$ | $x_f$ / Pa⁻¹ | $x_p$ / Pa⁻¹ | $\rho_f$ / (kg/m³) | $a$ / m⁻¹ | $n_f$ | $l$ | $k_s$ / (m/s) |
|---|---|---|---|---|---|---|---|---|---|
| B2 | 0.386 | 0.303 | $4.4 \times 10^{-10}$ | $1 \times 10^{-8}$ | 1000 | 0.3 | 1.5 | 0.5 | $4 \times 10^{-4}$ |
| B3 | 0.386 | 0.303 | $4.4 \times 10^{-10}$ | $1 \times 10^{-8}$ | 1000 | 0.3 | 1.5 | 0.5 | $4 \times 10^{-4}$ |

| 剖面 | $\theta_s$ | $\theta_r$ | $x_f$ / Pa$^{-1}$ | $x_p$ / Pa$^{-1}$ | $\rho_f$ / (kg/m$^3$) | $a$ / m$^{-1}$ | $n_f$ | $l$ | $k_s$ / (m/s) |
|------|------|------|------|------|------|------|------|------|------|
| A4 | 0.386 | 0.303 | 4.4×10$^{-10}$ | 1×10$^{-8}$ | 1000 | 0.3 | 1.5 | 0.5 | 4×10$^{-4}$ |

注：表中 $\theta_s$ 为饱和含水量；$\theta_r$ 为残余含水量；$x_f$ 为流体压缩性；$x_p$ 为固体压缩性；$\rho_f$ 为流体密度；$a$、$n_f$、$l$ 分别为 Van Genuchten 模型系数，取值为 1.0、2.0、0.5；$k_s$ 为饱和渗透系数均值。

**4．初始条件**

初始基质吸力状态采用间接法确定。可根据含水量的大小通过含水量与基质吸力的关系曲线，采用内插法计算得出。

依据土-水特征曲线试验得出的结果。滑坡体在含水量为 0.303 时的基质吸力为 135.55kPa，初始孔隙水压力（初始水头）$h$ 等于-13.8m。

**5．边界条件**

计算区域为图 3.6 中 *abcdefga* 围成的区域。

（1）第二类边界

第二类边界为流量边界。

泄洪雾雨补给边界为图 3.6 中的 *bcd* 段。依据洪渡河石垭子水电站泄洪雾雨模拟资料，Ⅰ级大雨区泄洪雾雨的雨强为 0.1～<2.5mm/h；Ⅱ级暴雨区泄洪雾雨的雨强为 2.5～<5.8mm/h。图 3.6 中 *bcd* 段的泄洪雾雨补给量可据此确定。

相对隔水边界为图 3.6 中 *agfe* 段。该段为滑床基岩，依据洪渡河石垭子 11 号滑坡体勘察资料，滑床基岩的饱和渗透系数比滑坡体的饱和渗透系数小 1%倍左右，将其定为相对隔水边界。

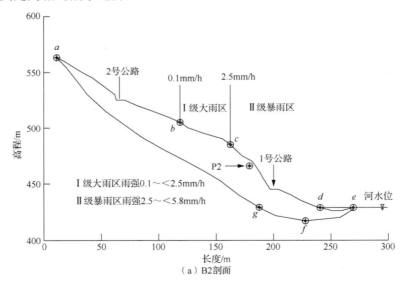

（a）B2剖面

图 3.6　石垭子水电站 11 号滑坡体计算剖面

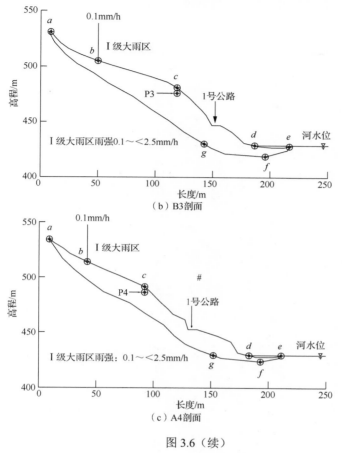

（b）B3 剖面

（c）A4 剖面

图 3.6（续）

（2）第一类边界

第一类边界为定水头边界。

图 3.6 中的 *de* 段为定水头边界。

## 3.6.3　数值模拟结果分析

分析工况：0.1%校核洪水的泄洪雾化降雨，历时为 24h；分析剖面为石垭子 11 号滑坡体 B2 剖面、B3 剖面、A4 剖面，由于各剖面所处泄洪雾化降雨影响区的位置不同，因此各剖面的入渗量也不相同。

**1. B2 剖面的泄洪雾化降雨入渗模拟**

石垭子 11 号滑坡体 B2 剖面位于泄洪雾化降雨的 I 级大雨区（雨强 0.1～<2.5mm/h），边界 *bc* 段；II 级暴雨区（雨强 2.5～<5.8mm/h），边界 *cd* 段，如图 3.6（a）所示；通过数值方法，模拟分析了石垭子 11 号滑坡体 B2 剖面泄洪过程，以及泄洪停止后 24h，泄洪雾化降雨入渗的饱和-非饱和渗流场。泄洪雾雨入渗 B2 剖面基质吸力分布如图 3.7 所示。

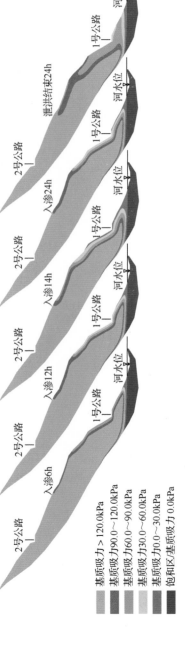

图 3.7　泄洪雾雨入渗 B2 剖面基质吸力分布图

1）泄洪雾化降雨影响区以外，无入渗，滑坡体基质吸力保持不变。

2）泄洪雾化降雨的 I 级大雨区：泄洪 14h，滑坡表层基质吸力降至 90～120kPa；泄洪 24h，滑坡表层基质吸力降至 60～90kPa；泄洪停止后 24h，滑坡表层基质吸力升至 120kPa 以上。

3）泄洪雾化降雨的 II 级暴雨区（1 号公路及以上）：泄洪 6h，滑坡体表层基质吸力降至 60～90kPa；泄洪 12h，滑坡体表层基质吸力降至 30～60kPa；泄洪 24h，滑坡体表层基质吸力降至 0～30kPa；泄洪停止后 24h，滑坡体表层基质吸力升至 60～90kPa。

4）泄洪雾化降雨入渗的影响深度从滑坡体上部向下部逐渐增加；随泄洪时间的延长，泄洪雾化降雨影响的深度不断增加；滑坡体表层受泄洪雾化降雨的影响基质吸力降低的幅度较大，向深部逐渐减小。

5）地下水溢出点附近的坡面，基质吸力最低，即将成为暂态饱和区。

6）泄洪停止后，滑坡体非饱和区的水汽仍在向下运移，边坡面的基质吸力开始增加，滑坡体深处的基质吸力不断降低，入渗影响范围仍在向下延伸。

7）滑坡体底部相对隔水边界 *agfe* 段不论处于饱和带，还是处于非饱和带，均不受泄洪雾化降雨的影响。

**2. B3 剖面的泄洪雾化降雨入渗模拟**

石垭子 11 号滑坡体 B3 剖面位于泄洪雾化降雨的 I 级大雨区（边界 *bcd* 段），雨强 0.1～<2.5mm/h，如图 3.6（b）所示；通过数值方法，模拟分析了 B3 剖面泄洪过程，以及泄洪停止后 24h，泄洪雾化降雨入渗的饱和-非饱和渗流场，如图 3.8 所示。计算结果如下。

1）泄洪雾化降雨影响区以外，无入渗，滑坡体基质吸力保持不变。

2）泄洪雾化降雨的 I 级大雨区（整个坡面）：泄洪 6h，滑坡体表层基质吸力降至 90～120kPa；泄洪 12～24h，滑坡体表层基质吸力降至 60～90kPa；泄洪停止后 24h，滑坡体表层基质吸力升至 90～120kPa。

3）泄洪雾化降雨入渗的影响深度从滑坡体上部向下部逐渐增加；随泄洪时间的延长，泄洪雾化降雨影响的深度不断增加；滑坡体表层受泄洪雾化降雨影响，基质吸力降低幅度较大，向深部逐渐减小。

4）地下水溢出点附近的坡面，基质吸力最低，即将成为暂态饱和区。

5）泄洪停止后，滑坡体非饱和区的水汽仍在向下运移，边坡面的基质吸力开始增加，滑坡体深部的基质吸力不断降低，入渗影响范围仍在向下延伸。

6）滑坡体底部相对隔水边界 *agfe* 段不论处于饱和带，还是处于非饱和带，均不受泄洪雾化降雨影响。

**3. A4 剖面的泄洪雾化降雨入渗模拟**

石垭子 11 号滑坡体 A4 剖面位于泄洪雾化降雨的 I 级大雨区（边界 *bcd* 段），雨强 0.1～<2.5mm/h，如图 3.6（c）所示；通过数值方法，模拟分析了 A4 剖面泄洪过程，以及泄洪停止后 24h，泄洪雾化降雨入渗的饱和-非饱和渗流场，如图 3.9 所示。计算结果如下。

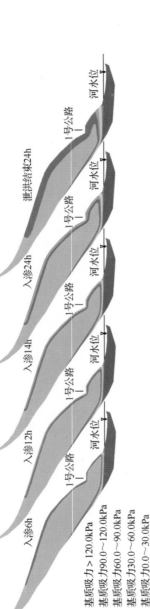

图 3.8　泄洪雾化降雨入渗 B3 剖面基质吸力分布图

图 3.9　泄洪雾化降雨入渗 A4 剖面基质吸力分布图

1）泄洪雾化降雨影响区以外，无入渗，滑坡体体基质吸力保持不变。

2）泄洪雾化降雨的 I 级大雨区（整个边坡面）：泄洪 6h，滑坡体表层基质吸力降至 90～120kPa；泄洪 12～24h，滑坡体表层基质吸力降至 60～90kPa；泄洪停止后 24h，滑坡体表层基质吸力升至 90～120kPa。

3）泄洪雾化降雨入渗的影响深度从滑坡体上部向下部逐渐增加；随泄洪时间的延长，泄洪雾化降雨影响的深度不断增加；滑坡体表层受泄洪雾雨的影响基质吸力降低的幅度较大，向深部逐渐减小。

4）地下水溢出点附近的坡面，基质吸力最低，即将成为暂态饱和区。

5）泄洪停止后，滑坡体非饱和区的水汽仍在向下运移，坡面的基质吸力开始增加，滑坡体深部的基质吸力不断降低，入渗影响范围仍在向下延伸。

6）滑坡体底部相对隔水边界 *agfe* 段不论处于饱和带，还是处于非饱和带，均不受泄洪雾化降雨影响。

### 3.6.4　泄洪雾化降雨入渗过程中基质吸力的变化

为了了解滑坡体内某点在泄洪过程中基质吸力的变化情况，分别于 B2 剖面、B3 剖面、A4 剖面，在地表以下距地表 5m，选取基质吸力变化考察点 P2、P3、P4。其中，P2 点位于 B2 剖面的 II 级暴雨区；P3 点位于 B3 剖面的 I 级大雨区；P4 点位于 A4 剖面的 I 级大雨区，如图 3.6 所示。

泄洪开始至泄洪停止 48h 内，考察点 P2、P3、P4 的基质吸力的变化情况如图 3.10 所示。

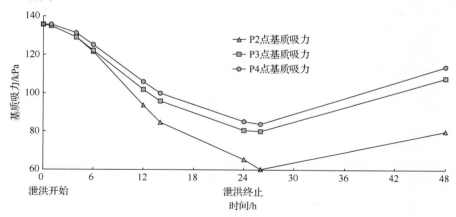

图 3.10　泄洪开始至泄洪停止 48h 内 P2 点、P3 点、P4 点基质吸力变化

1）P2 点、P3 点、P4 点的基质吸力变化比泄洪时间略滞后 1～2h。

2）泄洪 6～24h，泄洪雾化降雨不断入渗，滑坡体内各考察点基质吸力不断降低：P2 点基质吸力由 119kPa 降至 65.4kPa；P3 点基质吸力由 122kPa 降至 80.6kPa；

P4 点基质吸力由 125kPa 降至 85.2kPa。

3）泄洪刚停止后，泄洪雾化降雨仍在向下运移，滑坡体内基质吸力仍在降低，直至泄洪停止 2h，滑坡体内基质吸力降至最低：P2 点基质吸力继续降低至 60.3kPa；P3 点基质吸力继续降低至 80kPa；P4 点基质吸力继续降低至 84kPa。

4）泄洪停止 2h 后，滑坡体内基质吸力开始回升，直到泄洪停止 24h 后，各滑坡体考察点基质吸力才回升：P2 点基质吸力回升至 80.2kPa；P3 点基质吸力回升至 108kPa；P4 点基质吸力回升至 110kPa。

5）泄洪停止数天后，滑坡体内基质吸力将恢复至初始状态。

# 3.7　工程实例：矿山裂隙岩体边坡降雨入渗数值模拟

## 3.7.1　地质模型

某矿区地处武夷山隆起北缘，信江拗陷带南侧。经多次地壳运动、断裂构造发育，地层发育不全，缺失寒武系到石炭系上统地层。自加里东旋回混合岩化之后隆起为古陆，形成该区基底地层-混合岩岩组（$S_u$），在经受长达 2.5 亿年的剥蚀之后，才不均衡下陷成洼地，沉积了叶家湾组（$C_{2y}$），叶家湾组底部为石英砂岩、石英砾岩及砾岩夹页岩，相变较大，为该区含矿层，不整合于基底层 $S_u$ 之上，构成应力薄弱带。

矿山边坡由混合岩岩组，叶家湾组地层组成，地层倾向与边坡倾向一致。经勘探查明：该区已出现的边坡破坏面沿基底地层与上层叶家湾组地层的接触面，在坡脚从上层叶家湾组地层剪出。

地下水埋深 60m 左右，非饱和带位于强风化岩体内。

矿山属北武夷山支脉，山脉走向近南北，天排山主峰高约 400m，最低点为董家坞沟口、标高 110m，总的地势变化是由西往东，由南往北逐渐变低，沟谷呈西北或近东西向，区内植被发育，地貌形态以构造剥蚀堆积为主，山形较缓，沟谷多呈 U 形。

区内仅有几条常年山溪，由西向东泄流，分别注入小河，流归桐木江。小河距矿区东部最近距离约 430m，桐木江距矿区北部最近距离约 1.7km，桐木江底标高 50～60m。

地表水流不发育，地下水主要接受大气降水补给。西部山脊即为地表水分水岭，东部则以排土场西坡为分水岭，地下水分水岭与地表水分水岭一致，因此矿区地下水受外围补给的可能性很小。矿区汇水面积仅 2.2km²，故地下水补给来源有限，地下水储量不大。

开挖改变了原始地形，人为地增大了地下水的水力梯度，特别是使西部（天排山一带）边坡地下水流速增大。大气降水沿基岩风化裂隙及构造裂隙下渗，到达石炭系地层（叶家湾组），继续往东向深部径流，补给区外的含水层或以泉的形式补给地表水体。地下水径流量不大，流向由北向南、由西向东。

矿区气候温暖湿润，据铅山县河口气象站多年气象资料可知：平均年降雨水量为 1866.5mm，最大年降水量为 2868mm（1998 年），最小年降水量 1166.6mm（1978 年），降水多集中在 4～7 月，7d 最大降水量 676.1mm（1998 年 6 月）；日最大降水量 237.6mm（1995 年 6 月 25 日）；最大雨强 45.2mm（1998 年）。年平均蒸发量 1589mm，潮湿系数 1.17。

## 3.7.2　数学模型

某矿区采场裂隙岩体边坡如图 3.11 所示。计算区域为图中 *abcdejihga* 围成的区域。

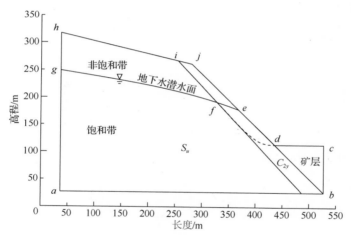

图 3.11　某矿区采场裂隙岩体边坡（戚国庆，2000）

### 1. 非饱和带

非饱和带为图 3.11 中 *ejihgfe* 围成的区域。位于强风化裂隙带内，混合岩等岩石因强风化而呈土状，局部见基岩露头，节理裂隙极为发育，原岩结构构造隐约可见，部分矿物已高岭土化，岩块呈松散状，手掰易碎，此带厚 60～80m，此带透水性较弱。

### 2. 饱和带

饱和带为图 3.11 中 *abcdefga* 围成的区域。位于构造裂隙带内。

### 3. 控制方程

控制方程采用饱和-非饱和渗流方程［式（3.37）］，求解该入渗问题。

### 3.7.3　计算参数选取

采场裂隙岩体边坡降雨入渗数值模拟的计算参数选取具体如下。

1. 饱和带渗透参数

混合岩岩组（$S_u$）的渗透系数 $k = 9.50 \times 10^{-7}$（m/s）；叶家湾组（$C_{2y}$）（包括矿层）渗透系数 $k = 4.70 \times 10^{-7}$（m/s）；饱和带给水度 $\mu = 0.012$。

2. 非饱和带渗透参数

非饱和渗透系数 $k(\psi_m) = 4.56 \times 10^{-7} (\psi_m)^{-1.047}$（m/s），容水度 $C(\psi_m) = 0.0119(\psi_m)^{-0.672}$。

3. 定解条件

（1）初始条件

依据非饱和带含水量现场测试，以及强风化带岩土性质，取非饱和带初始基质吸力 $(u_a - u_w) = 40\text{kPa}$。

（2）一类边界条件 $\Gamma_1$

饱和流场定水头边界：

$$h_{ag} = 330\text{m}, \quad h_{bcd} = 190\text{m}$$

在一类边界上，非饱和流场的基质吸力：

$$h_{gfe} = 0\text{kPa}$$

（3）二类边界条件 $\Gamma_2$

隔水边界：

$$\left. \frac{\partial h}{\partial y} \right|_{ab} = 0$$

降雨入渗边界：

$$\left. k(h)\frac{\partial h}{\partial y} \right|_{hijed} = 96.59 \text{（mm/d）}$$

### 3.7.4　数值模拟结果分析

在最大次降雨 676.1mm（历时 7d）作用下，某矿岩体边坡饱和-非饱和渗流场如图 3.12 所示（为了看得更清楚，只标示出图 3.11 中 *ejihgfe* 围成的非饱和带区域）。

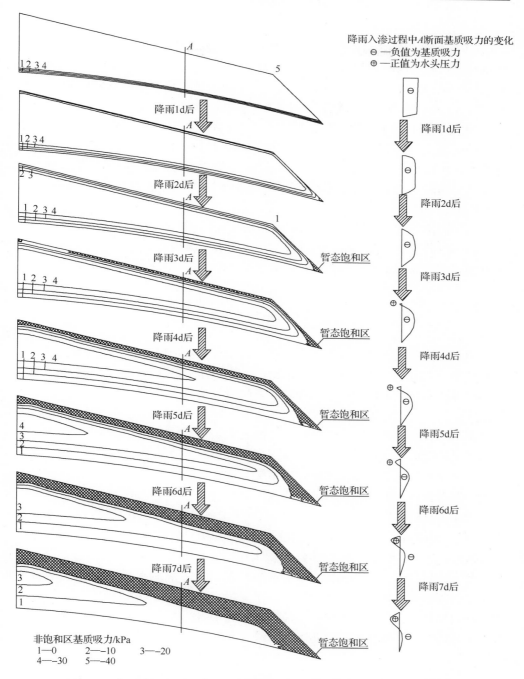

图 3.12　降雨过程中，某矿岩体边坡饱和-非饱和渗流场（戚国庆，2000）

由图 3.12 可以看出：

1）边坡非饱和区，降雨历时 1d 以后，首先在饱和区逸出点以上附近出现暂态饱和区。随降雨时间的增加，暂态饱和区范围沿坡面线附近区域不断扩展、延伸。至降雨历时 4d 后，在整个坡面线附近区域形成了一个由暂态饱和区构成的"饱和壳"，并随着降雨过程的延续向边坡内部扩展，影响范围逐渐扩大。

2）随着降雨不断入渗，暂态饱和区内出现暂态水压力。暂态水压力在坡面线附近数值较小，在暂态饱和区下缘与非饱和区接触的地带为零。最大值出现在非饱和区中部偏上部分（图 3.12 中 A 断面）。在整个 7d 的降雨过程中，暂态水压力随降雨时间的增加，而逐渐增大，其最大值为 25.66kPa（相当于 2.566m 的压力水头）。

3）随着雨水入渗边坡，非饱和区上部的含水量逐渐增大，基质吸力逐渐降低。

4）饱和流场在 7d 连续降雨中变化不大，其规律为初始基质吸力小时，潜水面升幅较大，而初始基质吸力大时，潜水面升幅较小，其抬升最大不超过 0.8m。

## 3.8　小　　　结

泄洪雾化降雨入渗与自然降雨入渗在物理过程上是相同的。泄洪雾化降雨入渗在边坡非饱和带内的渗流遵循 Richards 提出的延伸用于非饱和水流的达西定律；当泄洪雾化的雨水到达潜水面时，引起地下水位升高，则遵循饱和渗流的达西定律。

泄洪雾化降雨入渗与自然降雨入渗的差别在于：自然降雨在整个入渗边界上的雨强是相等的，而泄洪雾化降雨在整个入渗边界上的雨强不相等。本书依据洪渡河石垭子水电站泄洪雾化模拟分析结果，将泄洪雾化区按雨强分为 6 个分区，假定在每个分区内雨强相等。

泄洪雾化降雨的入渗是一个饱和-非饱和渗流过程，本书应用饱和-非饱和微分方程，对 1000 年一遇洪水（洪水频率 0.1%）泄洪过程（24h），以及泄洪完成后（24h），洪渡河石垭子水电站 11 号滑坡体非饱和带内的水汽运移、基质吸力变化、暂态水压力分布，以及暂态饱和区的形成、变化等进行了数值模拟。在此基础上，对泄洪雾化降雨的入渗规律进行了探讨。同时，对某露天矿矿区裂隙岩体边坡在自然降雨过程（7d）中，边坡体非饱和带内的水汽运移、基质吸力变化、暂态水压力分布，以及暂态饱和区的形成、变化的数值模拟结果，进行了探讨。

# 参 考 文 献

常金源，包含，伍法权，等，2015. 降雨条件下浅层滑坡稳定性探讨[J]. 岩土力学，36（4）：995-1001.

陈捷，刘之平，刘继广，等，2000. 二滩水电站高双曲拱坝泄洪雾化原型观测[C]//中国水力发电工程学会水工水力学专业委员会. 2000 全国水工水力学学术讨论会论文集：49-59.

陈玉璞，1990. 流体动力学[M]. 南京：河海大学出版社.

范军亮，张富仓，2010. 负水头条件下的土壤水分垂直一维入渗特性研究[J]. 土壤学报，47（3）：415-421.

范文涛，牛文全，张振华，等，2012. 降水头垂直入渗 Green-Ampt 模型显式近似解研究[J]. 灌溉排水学报，31（1）：50-53.

李新强，谢兴华，2009. 泄洪雨雾入渗分析中的几个问题讨论[J]. 长江科学院院报，26（s1）：23-28.

刘继龙，马孝义，张振华，2010. 不同条件下 Green-Ampt 模型累积入渗量显函数的适用性[J]. 应用基础与工程科学学报，18（1）：11-19.

戚国庆，2000. 裂隙岩体非饱和带地下水渗流研究及其在露天矿边坡稳定性评价中的应用[D]. 南京：河海大学.

亓桂明，1992. 非饱和带地下水运动的数学模型和算法[J]. 山东科学，5（1）：1-6.

钱家欢，殷宗泽，1996. 土工原理与计算[M]. 北京：中国水利水电出版社.

唐岳灏，路立新，2017. Green-Ampt 入渗模型的一种显式近似解[J]. 水电能源科学，35（6）：19-22.

徐永福，刘松玉，1999. 非饱和土强度理论及其工程应用[M]. 南京：东南大学出版社.

张洁，吕特，薛建锋，等，2016. 适用于斜坡降雨入渗分析的修正 Green-Ampt 模型[J]. 岩土力学，37（9）：2451-2457.

张蔚榛，1996. 地下水与土壤水动力学[M]. 北京：中国水利水电出版社.

张振华，潘英华，蔡焕杰，等，2006. Green-Ampt 模型入渗率显式近似解研究[J]. 农业系统科学与综合研究，22（4）：308-311.

赵阳升，1994. 矿山岩石流体力学[M]. 北京：煤炭工业出版社.

中国水电顾问集团贵阳勘测设计研究院，2007. 洪渡河石垭子水电站 11#滑坡体稳定分析专题报告[R]. 贵阳：中国水电顾问集团贵阳勘测设计研究院.

贝尔 J，1983. 多孔介质流体动力学[M]. 李竞生，陈崇希，译. 北京：中国建筑工业出版社.

弗雷德隆德 D G，拉哈尔佐 H，1997. 非饱和土力学[M]. 陈仲颐，张在明，陈愈炯，等译. 北京：中国建筑工业出版社.

GREEN W H, AMPT G A, 1992. Studies on soil physics: flow of air and water through soil[J]. Journal of Agriculture Science(4):1-24.

LI C，YOUNG M H, 2006. Green-Ampt infiltration model for sloping surfaces[J]. Water Resources Research，42(7):1-9.

PHILIP J R. 1957. The theory of infiltration: 1. The infiltration equation and its solution[J]. Soil Science, 83(5):345-357.

# 第 4 章　边坡基质吸力初始分布状态

　　边坡基质吸力的初始分布状态是求解泄洪雾化降雨入渗问题的初始条件。从20 世纪 60 年代至今，国内外学者对基质吸力的量测和评估做了大量的研究工作。现场基质吸力剖面的确定方法有两种，即直接法和间接法：直接法主要是对非饱和土的基质吸力，或者与基质吸力相关的参数，进行测量的方法，如张力计法、湿度计法、滤纸法、电容式吸力仪法、探针法、时域反射法、电传导传感器法、热导传感器法、粒基传感器法等；间接法则是基于土-水特征关系、天然含水量分布特征等，对非饱和土体的初始基质吸力分布，进行内插估算。

## 4.1　典型基质吸力剖面

　　弗雷德隆德和拉哈尔佐（1997）给出了基质吸力的典型分布剖面，如图 4.1所示。

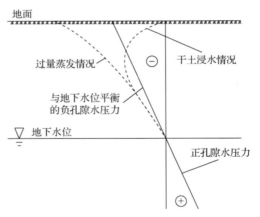

图 4.1　基质吸力典型剖面

　　基质吸力的分布（基质吸力剖面）取决于周围环境因素，如地表有无植被覆盖、地下水潜水面埋深、土的渗透性等。

　　1. 地表无植被覆盖

　　地表无植被覆盖时，环境变化将对基质吸力剖面产生很大影响，靠近地表部分基质吸力的变化最大。

　　1）干旱季节，蒸发率高，土中水分含量减少，基质吸力增大。

2）刚进入雨季，地表附近土体中的含水量增高，基质吸力减小。图 4.1 中干土浸水的基质吸力线则类似于土体由旱季进入雨季时的情况。

3）在雨季，整个剖面的基质吸力均较小，并随雨水入渗产生变化；基质吸力变化一般大于净法向应力的变化。

### 2. 地表有植被覆盖

地表有植被覆盖时，地面植被通过蒸腾作用，使土中的水分减少，基质吸力增大。蒸腾率取决于微气候条件、植被种类及植被根区的深度。

### 3. 地下水潜水面埋深

地下水潜水面埋深也会影响基质吸力的大小。潜水面埋深越大，上部土中的基质吸力可能越大；靠近地表部分，地下水埋深对基质吸力的影响最为显著。

### 4. 土的渗透性

土的渗透性反映了土传递和排除水分的能力，因此，土的渗透性也反映了土因环境变化而改变基质吸力的能力。非饱和土的渗透性依饱和度不同而有很大差别。此外，渗透性也取决于土的种类，不同土层传递水分的能力不一样，对现场基质吸力剖面有一定的影响。

# 4.2　基质吸力剖面的确定

## 4.2.1　土中的吸力

Richards（1965）提出，土中水的总吸力可用土中水的部分蒸气压量测。总吸力与孔隙水的部分蒸气压之间的热动力学关系为

$$\xi = -\frac{RT}{v_{w0}\omega_v}\ln\left(\frac{\overline{u}_v}{\overline{u}_{v0}}\right) \tag{4.1}$$

式中，$\xi$ 为土的总吸力；$R$ 为通用气体常数 $[R=8.31432(\text{J/molk})]$；$T$ 为绝对温度 $[即\ T = (273.16 + t^\circ)]$；$t^\circ$ 为温度；$v_{w0}$ 为水的比体积或水的密度的倒数（即 $1/\rho_w$）；$\rho_w$ 为水的密度（即 998 kg/m³，$t^\circ = 20\,℃$）；$\omega_v$ 为水蒸气的克分子量（即 18.016 kg/kmol）；$\overline{u}_v$ 为孔隙水的部分蒸气压；$\overline{u}_{v0}$ 为同一温度下，纯水平面上方的饱和蒸气压。

总吸力的定量是以纯水（即不含盐类或杂质的水）平面上方的蒸气压作为基准的。$\overline{u}_v / \overline{u}_{v0}$ 项被称为相对湿度 $RH$（%）。如果选择 20℃作为基准温度，则式（4.1）

中的常数项 $\dfrac{RT}{v_{w0}\omega_v}$ 为 135022kPa。因此，式（4.1）可改写成：

$$\xi = -135022\ln\left(\frac{\bar{u}_v}{\bar{u}_{v0}}\right) \tag{4.2}$$

根据相对湿度，就可以确定土的总吸力，它由两个部分组成，即基质吸力和渗透吸力。其关系为

$$\xi = (u_a - u_w) + \pi \tag{4.3}$$

式中，$(u_a - u_w)$ 为基质吸力，与非饱和土中水气分界面上的表面张力作用有关；$\pi$ 为渗透吸力，随土中孔隙水的含盐量增多而减小，随含水量的变化不大。

## 4.2.2　基质吸力的量测——直接法

由于土中的总吸力、基质吸力和渗透吸力之间，存在式（4.3）的关系，可以直接量测土的基质吸力；也可以量测土的总吸力，然后将渗透吸力从测得的总吸力中扣除，以求得基质吸力值。

1. 基质吸力量测

（1）张力计法

张力计法能够测定的孔隙水压力限度约为-90kPa，当孔隙气压力等于大气压力时，即 $u_a = 0$（压力表读数）时，则测得的负孔隙水压力在数值上与基质吸力相等。

张力计由高进气值多孔陶瓷头与压力量测装置组成。二者用一小管连接。小管通常由塑料制成，它的导热性低且不易腐蚀。管和陶瓷头用除气水充满。将陶瓷头插入土中，直到与土良好接触。当土和量测系统之间达到平衡时，张力计中的水将同土中的孔隙水具有相同的负压。

（2）热传导传感器法

土的导热特性与土中含水量直接相关。土的热传导能力随含水量的增加而增加，对于含水量变化与饱和度变化紧密相连的情况尤其如此。

热传导传感器由装有微型加热器和温感元件的多孔陶瓷探头组成。多孔陶瓷探头的热传导随陶瓷探头的含水量而变化。多孔陶瓷探头的含水量取决于周围土体施加给探头的基质吸力。预先率定多孔陶瓷探头的热传导与施加的基质吸力的关系。将率定过的传感器安置于土中，使其与土中孔隙水的应力状态（土中的基质吸力）达到平衡。依据达到平衡的热传导能力便可知道土中的基质吸力。

热传导传感器法能够测定的基质吸力范围为 0~400kPa。

2. 总吸力量测

（1）滤纸法

量测土中吸力的滤纸法是在土壤学领域发展起来的，但尚未得到岩土工程界

的普遍认同。

从理论上来说，滤纸法可用于量测土中的总吸力或基质吸力，属于量测土中吸力的直接法。滤纸法是建立在滤纸能够同具有一定吸力的土达到平衡（在水分流动意义上）的假定基础上的方法。土与滤纸之间的水分或水蒸气交换可以达到平衡，量测达到平衡时滤纸的含水量，依据滤纸率定曲线，即可得到土体的总吸力或基质吸力。

（2）湿度计法

热电偶湿度计可用于量测土的总吸力。实际上也就是量测土孔隙中的气体或土附近空气的相对湿度。要求环境温度的变化控制在±0.001℃范围内，能够测定的总吸力范围为 100～8000kPa。

热电偶湿度计有两种基本类型，一是湿环型，另一种是 Peltier 型。两类湿度计的原理都是测出无蒸发面（即干球）和有蒸发面（即湿球）之间的温差。这两个面的温差与相对湿度有关。

## 4.2.3　现场量测

1982 年，Sweeney 在边坡上开挖了两个混凝土观测井［图 4.2（a）中的竖井 A 和竖井 B］。在竖井不同深度，安置快拔型张力计。对边坡非饱和带的基质吸力进行了历时一年多的观测。竖井每节井圈的侧面开有 4 个圆孔，可将张力计沿竖井不同位置和高度插入周围土中，竖井内不同高度处设有木平台、梯子等。

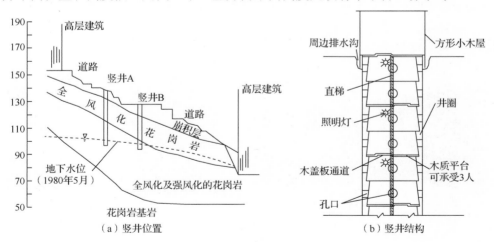

图 4.2　Sweeney 的基质吸力观测井

图 4.3 为沿竖井 A 和竖井 B 深度方向的基质吸力分布，以及基质吸力随季节变化情况。靠近地表处，基质吸力随季节的变化最大。

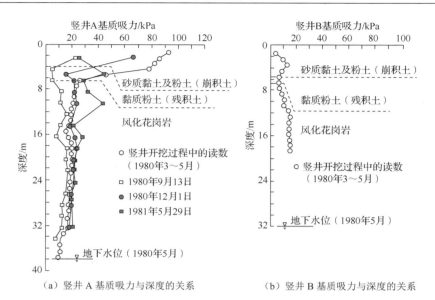

（a）竖井 A 基质吸力与深度的关系　　　（b）竖井 B 基质吸力与深度的关系

图 4.3　基质吸力观测结果

黄润秋和戚国庆（2004）在泄滩古滑坡体开挖了深达 20m 的观测井的井壁上布设了快拔型张力计和振弦式孔隙水压力传感器（图 4.4）。对古滑坡体非饱和带的基质吸力、暂态水压力、暂态饱和区进行了历时 2 年多的观测，获得更全面的观测资料。依据非饱和土力学理论，进行降雨型滑坡研究，在滑坡体上建立如此大规模的基质吸力观测竖井，进行滑坡基质吸力量测，在我国尚属首次，即使在国外也不常见。

（a）观测井井口　　　　　　　　　　　（b）观测井内部

图 4.4　基质吸力观测井

潘宗俊等（2006）在安康地区五道庙、红石桥两处天然边坡，开挖了深度为 4m、断面为 1.5m×1.5m 的观测井，利用张力计进行不同深度吸力值的现场量测。李加贵等（2010）在兰州市的一个 $Q_3$ 黄土边坡上，开挖了深达 15m 的观测井，垂直向下 10m 范围内埋设了吸力测试探头，观测浸水条件下，$Q_3$ 黄土边坡中的基质吸力变化，历时 142d。李颖（2016）在南阳伏牛山区的已位移边坡地表以下 3m 范围内，埋设土壤含水量与基质吸力监测仪器，进行基质吸力观测。

1992 年，中国-加拿大膨胀土合作研究团队在广西南宁市郊的一个缓坡上设立观测井，用热传导探头测读基质吸力随降雨等气象条件的变化。1994 年，拉哈尔佐在新加坡南洋理工大学的校园里也进行了基质吸力的长期观测，使用的是带负压表的张力计，其探头分别插入土中 0.5m、1.0m 和 1.5m 深，除观测降雨影响外，还比较了有无植被的影响。1997 年，长江科学院土工研究所联合武汉水利电力大学（现武汉大学）、清华大学等有关院校，在湖北省枣阳市七方镇对膨胀土边坡进行了基质吸力现场量测（龚壁卫等，1999；王钊等，2001），观测深度为 2.5～3.5m，历时 1～3 个月。王钊等（2003）应用滤纸法，对运城至三门峡高速公路张店镇附近填方土层 1.2m 深度内基质吸力进行量测。吴礼舟和黄润秋（2005）在湖北某高速公路两处路堑边坡，分别开挖了深度 2.0m、3.5m 的观测井，利用热传导探头和含水量探头，进行了非饱和膨胀土基质吸力观测。

### 4.2.4　基质吸力的量测——间接法

在一些难以实施现场直接量测的地方，可以先测定现场非饱和土体的含水量，然后采取相应的原状样，测定与野外相同应力（施加围压）条件下的非饱和土体的土-水特征曲线，通过含水量与土-水特征曲线，确定边坡不同深度的基质吸力分布。

## 4.3　泄滩古滑坡基质吸力剖面的现场量测

### 4.3.1　现场条件及观测仪器布设

三峡库区泄滩古滑坡位于湖北省秭归县，长江左岸岸坡地带。属构造侵蚀的中、低山区，滑坡坡脚高程 70m 左右。滑坡呈一圈椅状，地形坡度约为 30°，后缘斜坡坡度为 40° 左右。滑坡的主滑方向为 SW15°，直指长江，滑坡纵长约 600m，宽约 350m，估计厚度为 40m，前缘滑舌没入江中 35m 左右。前后缘高程分别为 60m、340m 左右。

泄滩古滑坡上的基质吸力观测井建成于 2002 年 9 月（黄润秋和戚国庆，2004）。位于泄滩古滑坡的中部右侧，如图 4.5 所示。

井口高程约 171.5m，井径为 2.5m，井深为 20m。贯穿整个非饱和带，如图 4.6 所示。在井壁上沿铅直方向布设了 30 只快拔型张力计和 20 只 VWPD 振弦式孔隙水压力传感器。振弦式孔隙水压力传感器。快拔型张力计之间的间隔为 0.5～2.0m。孔隙水压力传感器之间的间隔为 1m。2002 年 10 月开始观测，每日观测一次。

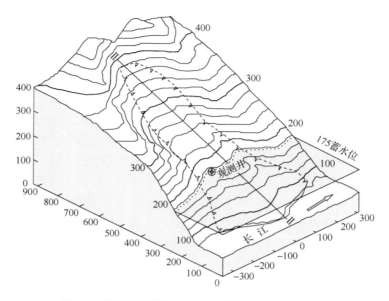

图 4.5　泄滩古滑坡地形及观测井位置（单位：m）

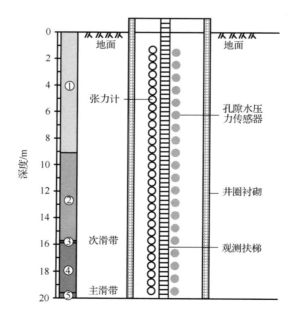

图 4.6　基质吸力观测井结构

　　泄滩古滑坡体由碎石土、块石土等组成，在重力分选作用下，形成滑体物质的分带性。大致可分为以下 5 个带。

　　①带：井深 0～9.2m，多为第四系崩坡积块石夹粉质黏土及坡残积碎块石土，

碎块石为紫红色砂岩，块径 0.5～20cm，土石比（2∶3）～（3∶7），级配不均匀，孔隙发育，据试坑渗水试验成果，渗透系数（3.33×10$^{-3}$）～（1.0×10$^{-2}$）cm/s，属中等透水层。

②带：井深 9.2～15.7m，由碎石土、粉质黏土夹碎块石等组成，碎块石主要为灰绿色灰岩，块径 10～20cm，土石比（3∶2）～（7∶3），结构松散-稍密，据钻孔注水试验成果，该层渗透系数（8.62×10$^{-5}$）～（1.36×10$^{-4}$）cm/s，属弱透水层。

③带：井深 15.7～15.75m，为次滑带，黏土夹碎石，碎石块径 0.5～3cm。致密，有地下水渗出。

④带：井深 15.75～19.6m，为粉砂质黏土夹碎块石，块石为灰绿色砂岩，块径 50～120cm，土石比（7∶3）～（4∶1），稍密，据实验室渗透测试，渗透系数为（6.2×10$^{-8}$）～（2.7×10$^{-6}$）cm/s，透水性微弱。

⑤带：井深 19.6～20.0m，为主滑带，碎石土，碎石块径小于 0.8cm。致密，有地下水渗出。

## 4.3.2　基质吸力观测结果

竖井基质吸力观测结果显示：沿深度方向，基质吸力的分布［黄润秋和戚国庆（2004）；黄润秋等（2007）］如图 4.7 所示。

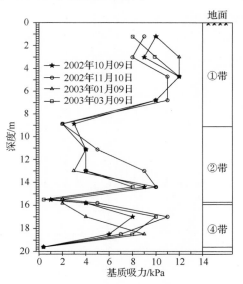

图 4.7　滑坡不同深度处的基质吸力

在观测竖井中，从上到下的①带、②带、④带，土体颗粒由粗变细，粉砂质黏土含量增多；而天然含水量则由小变大；②带土体颗粒较①带细，渗透性相对①带弱，在①带、②带接触面附近造成含水量相对较高，基质吸力变小；主滑带、次滑带形成相对隔水层，在其上部存在上层滞水，造成附近土体饱和，基质吸力接近于零。

根据气象资料，泄滩古滑坡区属亚热带气候，空气湿润，雨量充沛，多年平均降雨量 1000mm，最大日降雨量 85.5mm。降雨多集中在 6～9 月，其降雨量占全年降雨量的 70%左右，降雨连续集中，强度大。

在基质吸力观测期间（2002 年 10 月 6 日～2004 年 1 月 31 日），泄滩古滑坡区月降雨量分布见表 4.1。2003 年的年降雨总量为 1067.5mm；其中 4 月、5 月、7 月、8 月的降雨量累计为 706.6mm，占全年降雨量的 66.19%。

表 4.1　2002 年 10 月 6 日～2004 年 1 月 31 日泄滩滑坡区月降雨量　　单位：mm

| 年份 | 2002 | | | 2003 | | | | |
|---|---|---|---|---|---|---|---|---|
| 月份 | 10 | 11 | 12 | 1 | 2 | 3 | 4 | 5 |
| 降雨量 | 12.2 | 15.6 | 44.0 | 5.4 | 20.1 | 67.9 | 201.7 | 185.9 |
| 年份 | 2003 | | | | | | | 2004 |
| 月份 | 6 | 7 | 8 | 9 | 10 | 11 | 12 | 1 |
| 降雨量 | 51.6 | 209.7 | 109.3 | 45.5 | 56.8 | 79.1 | 34.5 | 32.5 |

观测期间，泄滩滑坡区曾有过 61 次降雨，累计降雨天数 112d（图 4.8）。最大次降雨量为 93.3mm，发生于 2003 年 4 月 22～24 日；最大日降雨量为 69mm，发生于 2003 年 8 月 10 日；次降雨量分布见表 4.2。次降雨最长持续 4d；连续两天及以上的次降雨为 33 次；连续 2d 及以上的次降雨天数累计为 84d。

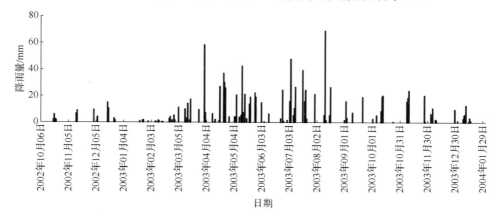

图 4.8　泄滩滑坡区降雨量变化（黄润秋等，2007）

表 4.2　2002 年 10 月 6 日～2004 年 1 月 31 日泄滩滑坡区次降雨量分布

| 次降雨量/mm | ≤10.0 | >10.0～20.0 | >20.0～30.0 | >30.0～40.0 |
|---|---|---|---|---|
| 降雨次数/次 | 31 | 7 | 10 | 3 |
| 次降雨量/mm | >40.0～50.0 | >50.0～60.0 | >60.0～70.0 | >70.0 |
| 降雨次数/次 | 4 | 2 | 2 | 2 |

　　长江洪水期一般出现在 7～9 月，洪水位高程可接近 90m。水库第一期蓄水水位能达到 139m 标高。连阴雨及暴雨为区内滑坡、崩塌及泥石流等地质灾害的主要诱发因素。各日期泄滩滑坡体基质吸力的变化情况［黄润秋和戚国庆（2004）；黄润秋等（2007）］，如图 4.9～图 4.13 所示。

　　降雨影响的主要是非饱和带的上部，且有一定的滞后时间。

　　1）滑体①带上部，由地表向下 2m 范围内，降雨入渗使滑体非饱和带基质吸力降低的滞后时间约为 1d；埋深 1m 处，基质吸力的变化范围为 4～12kPa；平均值为 9.14kPa（图 4.9）；滑体①带中部，地表向下 2～7m 范围内，基质吸力降低的滞后时间为 10 天左右；埋深 5m 处，基质吸力的变化范围为 2～13kPa；平均值为 11.62kPa（图 4.10）；而在滑体①带底部（埋深 9m 处），基质吸力的变化范围为 0～4kPa；平均值为 1.54kPa（图 4.11）。

　　2）滑体②带中基质吸力的变化，不仅受大气降雨的影响，还受非饱和带中水汽运移的影响；②带上部（埋深 11m 处），基质吸力的变化范围为 0～5kPa；平均值为 2.08kPa；②带中部（埋深 14m 处），基质吸力的变化范围为 4～12kPa；平均值为 8.52kPa（图 4.12）；②带底部（埋深 16m 处），基质吸力的变化范围为 0～9kPa；平均值为 3.24kPa。

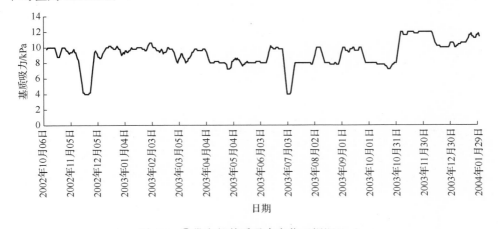

图 4.9　①带上部基质吸力变化（埋深 1m）

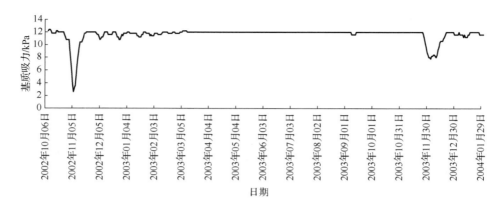

图 4.10　①带中部基质吸力变化（埋深 5m）

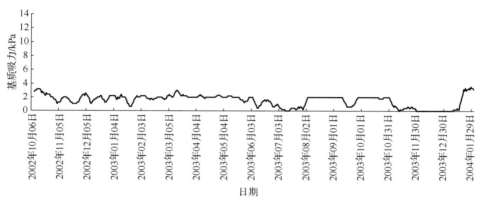

图 4.11　①带底部基质吸力变化（埋深 9m）

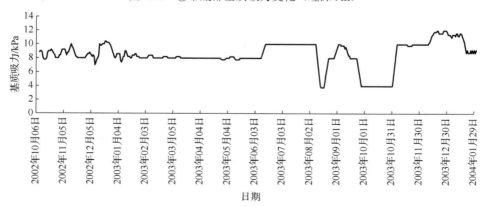

图 4.12　②带中部基质吸力变化（埋深 14m）

3）滑体④带中基质吸力的变化，不仅受大气降雨的影响，而且还受非饱和带中水汽运移的影响；④带中部（埋深 18.0m 处），基质吸力的变化范围为 7～14kPa；

平均值为 10.89kPa（图 4.13）。

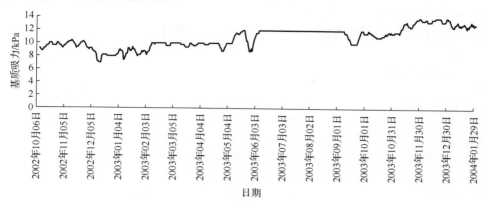

图 4.13　④带中部基质吸力变化（埋深 18m）

黄润秋等（2007）

# 4.4　小　　结

泄滩古滑坡堆积体多由碎石土、块石土等组成，由于重力分选作用，滑体物质具有分带性。而滑坡体非饱和带中基质吸力沿深度方向的分布与细颗粒土含量、土体的密度及含水量的大小有关。因此，实际的滑坡基质吸力剖面也应具有分带分布特征，这不同于以往的研究成果。

降雨对滑坡体非饱和带基质吸力的影响，也并非如以往研究成果所显示的那样，雨水入渗的湿润锋运移到哪里，哪里的基质吸力就降低，并以此来估算降雨引起基质吸力降低的滞后时间。而实际情况是：在滑体的中上部（0～4m 深度范围内），次降雨与基质吸力的降低有明显的对应关系；在滑体中、下部，次降雨与基质吸力降低的对应关系不明显，基质吸力的变化是观测井附近降雨下渗与非饱和带中水汽运移综合作用的结果。

快拔型张力计读数直观，性能基本稳定，操作比较简单，能用于吸力较低的现场量测。但在长期观测中，需要经常对张力计储气瓶进行排气，给量测带来不便。可以通过研制循环排气装置或以其他液体替代水等方法来解决这一问题。

## 参 考 文 献

黄润秋，戚国庆，2004. 滑坡基质吸力观测研究[J]. 岩土工程学报，26（2）：216-219.

黄润秋，许强，戚国庆，2007. 降雨及水库诱发滑坡的评价与预测[M]. 北京：科学出版社.

李加贵，陈正汉，黄雪峰，等，2010. 原状非饱和 Q3 黄土的土压力原位测试和强度特性研究[J]. 岩土力学，

31（2）：433-440.

李颖，2016. 已位移边坡于降雨期间的土壤力学及水文行为[J]. 中国水运，16（7）：168-170.

潘宗俊，谢永利，杨晓华，等，2006. 基于吸力量测确定膨胀土活动带和裂隙深度[J]. 工程地质学报，14（2）：206-211.

汤明高，许强，黄润秋，等，2006. 滑坡体基质吸力的观测试验及变化特征分析[J]. 岩石力学与工程学报，25（2）：355-362.

王钊，龚壁卫，包承纲，2001. 鄂北膨胀土坡基质吸力的量测[J]. 岩土工程学报，23（1）：64-67.

王钊，杨金鑫，况娟娟，2003. 滤纸法在现场基质吸力量测中的应用[J]. 岩土工程学报，25（4）：405-408.

吴礼舟，黄润秋，2005. 膨胀土开挖边坡吸力和饱和度的研究[J]. 岩土工程学报，27（8）：970-973.

吴礼舟，黄润秋，胡瑞林，等，2005. 膨胀土自然边坡吸力和饱和度量测[J]. 岩土工程学报，27（3）：343-346.

龚壁卫，包承纲，刘艳华，等，1999. 膨胀土边坡的现场吸力量测[J]. 土木工程学报，32（1）：9-13.

弗雷德隆德 D G，拉哈尔佐 H，1997. 非饱和土力学[M]. 陈仲颐，张在明，陈愈炯，等译. 北京：中国建筑工业出版社.

# 第 5 章　入渗过程中边坡的位移分析

大多数边坡失稳是一个累进性破坏的过程,失稳前往往经历一个位移变形期。边坡的位移变形,源自边坡岩土体在力的作用下产生的应变。在边坡非饱和带中存在着两种力的作用:一种是作用在岩土体骨架上的应力,另一种是作用在水气分界面(收缩膜)上的基质吸力(范秋雁,1996;弗雷德隆德和拉哈尔佐,1997)。

受泄洪雾化(降雨)影响的边坡,由于入渗作用,边坡非饱和带岩土体的基质吸力降低,而净法向应力变化很小,可以忽略不计。入渗引起的边坡变形位移,可以看成由单纯基质吸力变化引起的非饱和土应变(变形)导致的(戚国庆和黄润秋,2015)。殷宗泽等(2006)总结了非饱和土本构模型当前研究的新进展,认为土体中水分的变化对变形的影响表现在两个方面:①由水分变化直接引起的变形,如土体变干、体积收缩;②水分的变化引起土体强度的变化和硬软的差异,从而影响变形;非饱和土的本构模型要能反映应力和水分变化对变形的影响,且关于水分的影响又要能反映这两方面的变形性状。盛岱超和杨超(2012)认为吸力或饱和度变化能够导致土产生显著的体积变化,这方面的研究不仅涉及非饱和土力学的核心,还有极其重要的工程实用价值。

因此,与基质吸力有关的那部分变形性质将是本章研究的重点。这方面的研究将有助于揭示泄洪雾化影响下边坡的变形位移规律。本章首先阐述了非饱和土的变形理论,然后在此基础上,建立了基质吸力-应变关系,并从理论上推导出入渗作用下,边坡位移与雨量关系的数学模型框架。

## 5.1　非饱和土中的应力

土的力学性状取决于土中的应力状态,土中的应力状态可用若干个应力变量的组合来描述,这些应力变量称为应力状态变量,弗雷德隆德和拉哈尔佐(1997)将应力状态变量定义为:描述应力状态特征所需的非材料变量,这些变量必须与物理性质无关。

### 5.1.1　有效应力

有效应力分为饱和土的有效应力与非饱和土的有效应力。

#### 1. 饱和土的有效应力

对于饱和土,土体中任意一点的总主应力为 $\sigma_1$、$\sigma_2$、$\sigma_3$。土的孔隙中充满水，水中应力为孔隙水压力 $u_w$，则总主应力由两部分构成：一是各向等值部分，作用于水和土粒上的孔隙水压力 $u_w$；二是差值部分 $\sigma'_1 = \sigma_1 - u_w$、$\sigma'_2 = \sigma_2 - u_w$、$\sigma'_3 = \sigma_3 - u_w$，为超过孔隙水压力 $u_w$ 的部分，称为有效应力，仅作用于土的固体骨架上。饱和土体的各种可测量结果（体积应变、剪应变、固结、抗剪强度等）的变化，都是有效应力的变化所造成的。1936 年，Terzaghi 提出饱和土体有效应力的概念。通常表示为

$$\sigma' = \sigma - u_w \tag{5.1}$$

式中，$\sigma'$ 为有效法向应力；$\sigma$ 为总法向应力。

有效应力作为饱和土的应力状态变量，其合理性已为实验所证实并被普遍接受。有效应力概念已成为饱和土力学的重要基础。

2. 非饱和土的有效应力

饱和土的有效应力概念可以延伸应用于非饱和土。受这一观念的影响，所提出的非饱和土有效应力公式，均采用一个单值的有效应力或应力状态变量。美国公路研究实验所的人员最先注意到土的基质吸力对公路及机场设计的重要意义。Croney 等（1958）建议研究非饱和土采用的有效应力公式为

$$\sigma' = \sigma - \beta' u_w \tag{5.2}$$

式中，$\beta'$ 为结合系数，反映土中有助于提高抗剪强度的结合点的数目。

1959 年，Bishop 提出了现在被广泛引用的有效应力公式，即

$$\sigma' = (\sigma - u_a) + \chi(u_a - u_w) \tag{5.3}$$

式中，$\chi$ 为经验系数，与土体的饱和度、类型及应力路径有关；$u_a$ 为孔隙气压力。

对于饱和土，$\chi = 1$；对于干土，$\chi = 0$。$\chi$ 与饱和度之间的关系通过试验确定。式（5.2）和式（5.3）建立了一个单值的非饱和土有效应力公式，但是，式（5.2）和式（5.3）中均含有与土的物理性质有关的变量。试验结果也表明：式（5.2）和式（5.3）所建立的非饱和土有效应力公式并非单值，而是与应力路径有关。

有效应力式（5.2）和式（5.3）中与土物理性质有关的参数很难确定。Morgenstern 和 Price（1979）曾指出，有效应力是一个应力变量，它只与平衡条件有关，而 Bishop 有效应力公式（式 5.3）含有与本构关系有关的参数 $\chi$。确定这个参数时，假定土的形状可以唯一地用单值的有效应力变量来表达，并将非饱和土的性状与饱和土的性状相对应以计算 $\chi$ 值。更为有效而且合理的做法是，通过本构关系将平衡条件与变形联系起来，而不是将本构关系直接引入应力变量。

## 5.1.2　非饱和土应力状态变量

1. 非饱和土应力分析

Fredlund 和 Morgenstern（1977）进行了建立在多相连续介质力学基础上的非

饱和土应力分析。分析结果也表明，可以用 3 个正应力变量中的任意两个来描述非饱和土的应力状态。也就是说，对于非饱和土有 3 个可能的应力状态变量组合，这 3 组应力状态变量是根据不同的基准（即 $u_a$、$u_w$ 和 $\sigma$）从土结构的平衡方程中推导出来的，具体如下。

1）以孔隙气压力 $u_a$ 为基准，则有（$\sigma - u_a$）和（$u_a - u_w$）。

2）以孔隙水压力 $u_w$ 为基准，则有（$\sigma - u_w$）和（$u_a - u_w$）。

3）以总法向力 $\sigma$ 作为基准，则有（$\sigma - u_a$）和（$\sigma - u_w$）。

在这 3 组应力状态变量组合中，（$\sigma - u_a$）和（$u_a - u_w$）组合最适合于在工程实践中应用。（$\sigma - u_a$）和（$u_a - u_w$）组合可使总法向应力变化造成的影响与孔隙水压力变化造成的影响区分开来。而且，在大多数实际工程问题中，孔隙气压力等于大气压力（表现为压力表压力为零）。因此，以孔隙气压力作为基准推导得出的应力状态变量组合较简单、合理、实用。

2. 非饱和土结构平衡的控制变量

对非饱和土来说，平衡条件意味着土的 4 个相（即空气、水、收缩膜和土粒）均处于平衡状态。假设每个相在每个方向上均形成独立的、线性的、连续一致的应力场，则可以写出每个相独立的平衡方程，然后应用叠加原理，将各个独立的相按一定方式组合起来，使可量测的应力出现在土结构（即土粒排列）的平衡方程中。

Fredlund（1994）应用土单元的总体平衡方程，以及气相、水和收缩膜的平衡方程（通过相互作用力 $f^*$，用控制土体结构平衡的应力状态变量，控制收缩膜的平衡）。得到 3 个控制土体结构平衡和收缩膜平衡的应力状态变量，即（$\sigma - u_a$）、（$u_a - u_w$）和 $u_a$。在此基础上，假定土粒和孔隙水是不可压缩的，应力状态变量 $u_a$ 可以消除。（$\sigma - u_a$）和（$u_a - u_w$）也就成为非饱和土的应力状态变量。更具体地说，它们也就是控制土结构和收缩膜平衡的应力变量。

于是，非饱和土的应力状态可以用两个独立的应力张量表示，即

$$\begin{bmatrix} (\sigma_1 - u_a) & 0 & 0 \\ 0 & (\sigma_2 - u_a) & 0 \\ 0 & 0 & (\sigma_3 - u_a) \end{bmatrix} \tag{5.4}$$

$$\begin{bmatrix} (u_a - u_w) & 0 & 0 \\ 0 & (u_a - u_w) & 0 \\ 0 & 0 & (u_a - u_w) \end{bmatrix} \tag{5.5}$$

关于非饱和土的应力状态变量，仍有一些学者提出不同意见。周建（2009）认为目前双应力变量选择有很大的随意性，没有确凿的理论依据。Khalili 等（2004）认为土体的宏观特性用（$\sigma - u_a$）来描述，而（$u_a - u_w$）反映的则是土体微观孔

隙层面的变化，违背了连续介质力学应力变量的要求，即应力变量应建立在平均单元体层面上，反映单元实体的宏观变化。（$\sigma - u_a$）和（$u_a - u_w$），一个宏观变量和一个微观变量会使本构方程复杂化，处理应力应变关系时也会比较棘手。沈珠江（1996）和邢义川等（2003）也对双应力变量的一些研究提出了质疑。但是，（$\sigma - u_a$）和（$u_a - u_w$）组合的双应力状态变量可以较好地反映非饱和土的强度与变形特性，应用较多，本书中仍然采用该变量。

# 5.2　非饱和土的变形

有两种方法可以建立非饱和土的应力与变形的关系，即数学方法与半经验方法。在数学方法中，每一变形状态变量的分量都表示为应力状态变量的线性组合（陈正汉等，1999，2001），反之也成立。这就是说，应力与变形状态变量的关系是由一个线性方程组表示的。使用这种方法要进行大量土特性的确定工作。

半经验方法则需要进行若干假定，这些假定是建立在很多土类的性状观测及实验验证基础上的。这些假定如下：①正应力不产生剪应变；②剪应力不产生正应变；③一个剪应力分量仅产生一个剪应变分量。此外，还假定在小应变情况下，可以用叠加原理。

## 5.2.1　线弹性本构模型

Fredlund（1979）假定非饱和土是各向同性的线弹性材料，运用应力状态变量（$\sigma - u_a$）和（$u_a - u_w$），将饱和土的本构方程加以引申，提出了非饱和土的本构关系，其固相的本构关系为

$$\varepsilon_{ij} = \frac{1+\nu}{E}(\sigma_{ij} - u_a \delta_{ij}) - 3\frac{\nu}{E}\sigma_{mean}\delta_{ij} + \frac{(u_a - u_w)}{H}\delta_{ij} \tag{5.6}$$

液相的本构关系为

$$\varepsilon_w = \frac{\sigma_{mean}}{K_w} + \frac{(u_a - u_w)}{H_w} \tag{5.7}$$

式中，$i$，$j$ 分别代表坐标轴方向；$\varepsilon_{ij}$ 为非饱和土的应变张量；$E$，$\nu$ 分别为土的杨氏模量和泊松比；$H$ 是与基质吸力相关的土的体积模量；$\varepsilon_w$ 为土中水的体积变化量；$K_w$，$H_w$ 分别为与净平均应力和基质吸力相关的水的体积模量；$\sigma_{ij}$ 为总应力张量；$\sigma_{mean}$ 为净平均应力，$\sigma_{mean} = (\sigma_{kk}/3) - u_a$；$\delta_{ij}$ 为克罗内克记号。

根据式（5.6），非饱和土的体积应变 $\varepsilon_v$ 为

$$\varepsilon_v = 3\frac{1-2\nu}{E}\sigma_{mean} + \frac{3}{H}(u_a - u_w) \tag{5.8}$$

由式（5.6）得出非饱和土体的剪应变为

$$
\begin{cases}
\varepsilon_{xy} = \varepsilon_{yx} = \dfrac{1+\nu}{E}\tau_{xy} = \dfrac{1+\nu}{E}\tau_{yx} \\[2mm]
\varepsilon_{yz} = \varepsilon_{zy} = \dfrac{1+\nu}{E}\tau_{yz} = \dfrac{1+\nu}{E}\tau_{zy} \\[2mm]
\varepsilon_{zx} = \varepsilon_{xz} = \dfrac{1+\nu}{E}\tau_{zx} = \dfrac{1+\nu}{E}\tau_{xz}
\end{cases}
\tag{5.9}
$$

式中，$\tau_{xy} = \tau_{yx}$、$\tau_{zy} = \tau_{yz}$、$\tau_{xz} = \tau_{zx}$ 为剪应力分量。

式（5.6）～式（5.9）显示，非饱和土的变形由两部分组成：一部分变形是由应力的变化造成的；另一部分变形是由基质吸力的变化引起的。

## 5.2.2　弹塑性本构模型

非饱和土弹塑性应力-应变模型的研究始于 20 世纪 80 年代，研究的共同特点如下：采用 Fredlund 建议的应力状态变量，在非饱和土中建立其临界状态方程，考虑基质吸力的影响，根据实验结果归纳出模型的数学表达式，当基质吸力 $(u_a - u_w) = 0$ 时，模型自然退化为饱和土的修正剑桥模型。

屈服面方程为

$$
\begin{cases}
f_1 = (\sigma_q)^2 - M^2[\sigma_{\text{mean}} + \Lambda(u_a - u_w)](\sigma_0 - \sigma_{\text{mean}}) = 0 \\[2mm]
f_2 = (u_a - u_w) - (u_a - u_w)_0 = 0
\end{cases}
\tag{5.10}
$$

式中，$f_1$，$f_2$ 为屈服面函数；$M$ 为临界线 $\sigma_q = M[\sigma_{\text{mean}} + \Lambda(u_a - u_w)]$ 的斜率，$\Lambda$ 为常数。

运用关联流动法则，Alonso 等（1995）得出增量形式的非饱和土弹塑性应力-应变模型：

$$
\mathrm{d}\varepsilon_v = \frac{\kappa}{V}\frac{\mathrm{d}\sigma_{\text{mean}}}{\sigma_{\text{mean}}} + \frac{\kappa_s}{V}\frac{\mathrm{d}(u_a - u_w)}{(u_a - u_w) + p_{\text{at}}} + v_1 + v_2
\tag{5.11}
$$

$$
\mathrm{d}\varepsilon_s = \frac{\mathrm{d}\sigma_q}{3G_E} + v_1\frac{2\sigma_q\,\overline{\alpha}}{M^2[2\sigma_{\text{mean}} + \Lambda(u_a - u_w) - \sigma_0]}
\tag{5.12}
$$

其中，

$$
v_1 = \frac{\dfrac{\partial f_1}{\partial\sigma_{\text{mean}}}\mathrm{d}\sigma_{\text{mean}} + \dfrac{\partial f_1}{\partial\sigma_q}\mathrm{d}\sigma_q + \dfrac{\partial f_1}{\partial(u_a - u_w)}\mathrm{d}(u_a - u_w)}{\dfrac{\partial f_1}{\partial\sigma_0(0)}\dfrac{\partial\sigma_0(0)}{\partial\varepsilon_V^{\text{p}}}}
$$

$$
v_2 = -\frac{\dfrac{\partial f_2}{\partial(u_a - u_w)}\mathrm{d}(u_a - u_w)}{\dfrac{\partial f_2}{\partial(u_a - u_w)_0}\dfrac{\partial(u_a - u_w)_0}{\partial\varepsilon_V^{\text{p}}}}
$$

$$\bar{\alpha} = \frac{M(M-9)(M-3)}{9(6-M)} \frac{1}{1-\kappa/\lambda(0)}$$

$$\frac{\mathrm{d}\sigma_0(0)}{\sigma_0(0)} = \frac{V}{\lambda(0)+\kappa}\mathrm{d}\varepsilon_V^{\mathrm{p}}$$

$$\frac{\mathrm{d}(u_a - u_w)_0}{(u_a - u_w)_0 + p_{at}} = \frac{V}{\lambda_{(u_a-u_w)} - \kappa_s}\mathrm{d}\varepsilon_V^{\mathrm{p}}$$

$$\sigma_q = \frac{1}{\sqrt{2}}[(\sigma_x - \sigma_y)^2 + (\sigma_y - \sigma_z)^2 + (\sigma_z - \sigma_x)^2 + 6\tau_{xy}^2 + 6\tau_{yz}^2 + 6\tau_{zx}^2]^{1/2}$$

式中，$\varepsilon_v$、$\varepsilon_s$ 分别为非饱和土体的体积应变和剪切应变；$\varepsilon_V^{\mathrm{p}}$ 为非饱和土体的塑性体应变；$\kappa$、$\kappa_s$ 分别为相应于应力 $\sigma_{\mathrm{mean}}$ 和基质吸力 $(u_a - u_w)$ 的回弹指数；$p_{at}$ 为标准大气压力；$\lambda_{(u_a-u_w)}$ 为对应于压应力 $\sigma_{\mathrm{mean}}$ 的压缩指数，随基质吸力 $(u_a - u_w)$ 的增加而减小；$M$ 为临界线 $\sigma_q = M[\sigma_{\mathrm{mean}} + \varLambda(u_a - u_w)]$ 的斜率，$\varLambda$ 为常数；$(u_a - u_w)_0$ 为土体的初始基质吸力；$\sigma_0(0)$ 为基质吸力 $(u_a - u_w) = 0$ 时的先期固结应力；$V$ 为非饱和土的比体积（$V = 1 + e$）。

## 5.2.3　广义吸力本构模型

基质吸力的存在增加了土颗粒之间的抗滑阻力。随着含水量的降低，基质吸力不断增加。理论上基质吸力可以高达 10MPa，但是实际上，土体抵抗变形的能力并不随着基质吸力的增大而成比例地增大。鉴于此，沈珠江（1996）提出广义吸力的概念，认为基质吸力中只有一部分能有效地增加土体的强度和抗变形能力。广义吸力是有效吸力概念的自然推广，即把凡是能有效地增加颗粒之间抗滑阻力的因素都包括进来，不管它来源于基质吸力还是颗粒之间的胶结力和咬合力。换句话说，如果颗粒之间抗滑阻力 $\tau_s$ 可以用下列莫尔-库伦（Mohr-Coulomb）定律表示，即

$$\tau_s = C_s + \sigma_n \tan\phi_s \qquad\qquad (5.13)$$

则广义吸力 $S_s'$ 可以定义为

$$S_s' = \frac{C_s}{\tan\phi_s} \qquad\qquad (5.14)$$

于是式（5.13）可以改写为

$$\tau_s = (\sigma_n + S_s')\tan\phi_s \qquad\qquad (5.15)$$

式中，$C_s$ 和 $\phi_s$ 代表颗粒间抗滑阻力指标，与宏观抗剪强度指标 $C$、$\phi$ 不一定相同；$\sigma_n$ 为作用于土颗粒的净应力。

在广义吸力概念的基础上进一步定义广义有效应力为

$$\hat{\sigma}' = \sigma_n + S_s' \qquad\qquad (5.16)$$

非饱和土的抗剪强度和变形模量只取决于广义有效应力。

广义吸力 $S'_s$ 主要由折减吸力 $S'_a$ 和结构吸力 $S'_b$ 两部分组成，即 $S'_s = S'_a + S'_b$。前者实质是毛细作用的反映，又可以称为毛管吸力；后者则是结构强度的反映，可以称为结构吸力。折减吸力 $S'_a$ 和结构吸力 $S'_b$ 的丧失规律可表示为

$$\Delta S'_a = -nS'_{a0}\left(\frac{1-S}{1-S_0}\right)^n \frac{\Delta S}{1-S} \tag{5.17}$$

$$\begin{cases} \Delta S'_b = \dfrac{-(b-q)\Delta\sigma_{mean} - a\Delta\sigma_q + q\Delta S'_a}{A-q} \\[4mm] A = \dfrac{\sigma_{mean} + S'_s}{S'_{b0}\dfrac{\pi}{(q_{max}-q_{min})}\sin\left(\pi\dfrac{q-q_{min}}{q_{max}-q_{min}}\right)} \\[4mm] q = \dfrac{a\sigma_q + b\sigma_{mean}}{\sigma_{mean} + S'_s} \end{cases} \tag{5.18}$$

式中，$S'_{a0}$ 为饱和度 $S = S_0$ 时的初始折减吸力；$S'_{b0}$ 为结构吸力的初始值；$n$ 为常数；$a$、$b$ 为经验系数；$q$ 为引起结构强度丧失的破损力；$A$ 为抵抗破损的因数，或称为结构稳定因子。

沈珠江（1996）通过研究发现，非饱和土的变形由两部分组成：一部分变形与饱和扰动土类似，在建立本构关系时，用广义有效应力代替非饱和土的有效应力；另一部分变形是由吸力丧失引起的，可以在稳定状态原理的基础上加以描述。于是，非饱和土的体积应变为

$$\begin{cases} \Delta\varepsilon_v = \dfrac{C'_s}{\sigma'_m}\Delta\sigma'_m + \dfrac{C'_c - C'_s}{\sigma'_m}\Delta\sigma'_m + C'_d\dfrac{\dfrac{2\eta}{(\eta_f)^2}}{1+\left(\dfrac{\eta}{\eta_f}\right)^2}\Delta\eta + C'_b\dfrac{e_s - e}{(u_a - u_w)}\Delta(u_a - u_w) \\[5mm] \sigma_s = \dfrac{1}{\sqrt{2}}\sqrt{(\hat{\sigma}'_1 - \hat{\sigma}'_2)^2 + (\hat{\sigma}'_2 - \hat{\sigma}'_3)^2 + (\hat{\sigma}'_3 - \hat{\sigma}'_1)^2} \end{cases} \tag{5.19}$$

其中，

$$\sigma'_m = \frac{1}{3}(\hat{\sigma}'_1 + \hat{\sigma}'_2 + \hat{\sigma}'_3)$$

$$\eta = \frac{\sigma_s}{\sigma'_m}$$

$$C'_s = \frac{0.434 C_s}{1+e_0}$$

$$C'_c = \frac{0.434 C_c}{1+e_0}$$

$$C_{\rm d}' = \frac{0.434 C_{\rm d}}{(1+e_0)\log 2}$$

$$C_{\rm b}' = \frac{1}{m(1+e_0)}$$

式中，$C_{\rm c}$ 为压缩指数；$C_{\rm d}$ 可以称为剪缩系数，其含义为由等向压缩状态（$\eta = 0$）到破坏状态（$\eta = \eta_f$）所引起的孔隙比减小量；$\hat{\sigma}_1'$ 为广义有效第一主应力；$\hat{\sigma}_2'$ 为广义有效第二主应力；$\hat{\sigma}_3'$ 为广义有效第三主应力；$C_{\rm s}$ 为回弹指数；$C_{\rm s}'$ 为与广义吸力有关的修正回弹指数；$C_{\rm c}'$ 为与广义吸力有关的修正压缩指数；$C_{\rm d}'$ 为与广义吸力有关的修正剪缩系数；$C_{\rm b}'$ 为与广义吸力有关的基质吸力变化引起的体积应变系数。采用椭圆屈服面模型时，$C_{\rm d} = (C_{\rm c} - C_{\rm s})\log 2$；$e_0$ 为初始孔隙比；$e_{\rm s}$ 为稳定孔隙比。

如果采用某一流动法则，塑性势像剑桥模型那样采用椭圆函数，则非饱和土的剪切应变 $\varepsilon_{\rm s}$ 的增量 $\Delta\varepsilon_{\rm s}$ 为

$$\Delta\varepsilon_{\rm s} = C_{\rm g}\frac{C_{\rm s}'}{\sigma_{\rm m}'}\Delta\sigma_{\rm s} + C_{\rm q}\left[ \frac{C_{\rm c}-C_{\rm s}'}{\sigma_{\rm m}'}\Delta\sigma_{\rm m}' + C_{\rm d}'\frac{\dfrac{2\eta}{(\eta_f)^2}}{1+\left(\dfrac{\eta}{\eta_f}\right)^2}\Delta\eta + C_{\rm b}'\frac{e_{\rm s}-e}{(u_{\rm a}-u_{\rm w})}\Delta(u_{\rm a}-u_{\rm w}) \right]$$

（5.20）

式中，$\varepsilon_{\rm s} = \frac{1}{\sqrt{2}}[(\varepsilon_1-\varepsilon_2)^2 + (\varepsilon_2-\varepsilon_3)^2 + (\varepsilon_3-\varepsilon_1)^2]^{1/2}$；$C_{\rm g} = \frac{2(1+\nu)}{3(1-2\nu)}$；$C_{\rm q} = \frac{3\eta/(\eta_f)^2}{1-(\eta/\eta_f)^2}$。

式中，$C_{\rm g}$ 为某一广义正应力 $\sigma_{\rm m}'$ 下，偏应力变化 $\Delta\sigma_{\rm s}$ 引起的剪应变系数；$C_{\rm q}$ 为与广义吸力有关的土体应力变化（包括基质吸力变化）引起的剪应变系数。

式（5.19）和式（5.20）即为建立在广义吸力基础上的非饱和土弹塑性本构模型。

# 5.3　基质吸力——应变关系的建立

前面已经提到非饱和土的应变由两部分组成（徐永福，1996；弗雷德隆德和拉哈尔佐，1997）：一部分应变是由应力的变化引起的；另一部分应变是由基质吸力的变化引起的（吸力变形）（戚国庆和黄润秋，2015）。而由基质吸力的变化引起的那一部分应变，对于研究雨水入渗过程中边坡的位移变化机制及降雨型滑坡灾害的预报至关重要。

## 5.3.1　非饱和土基质吸力——应变关系的数学模型

各种模型对非饱和土由基质吸力的变化引起的应变（吸力变形）的描述也各

不相同。

1）在 Fredlund 提出的非饱和土线弹性本构模型中，基质吸力引起的非饱和土体积变形 $\varepsilon_v^{(u_a-u_w)}$ 为

$$\varepsilon_v^{(u_a-u_w)} = \frac{3}{H}(u_a-u_w) = \frac{(u_a-u_w)}{H_w} \tag{5.21}$$

式中，$H$ 为与基质吸力变化有关的土结构弹性模量；$H_w$ 为与基质吸力变化有关的水体积弹性模量。

2）在 Alonso 提出的非饱和土弹塑性本构模型中，基质吸力引起的非饱和土体积变形 $\varepsilon_v^{(u_a-u_w)}$ 为

$$\mathrm{d}\varepsilon_v^{(u_a-u_w)} = \left[\frac{1}{V}\left[\frac{\kappa_s}{(u_a-u_w)+p_{at}} + \frac{\kappa_s-\lambda_{(u_a-u_w)}}{(u_a-u_w)_0+p_{at}}\right] + \frac{\lambda(0)+\kappa}{V}\frac{\Lambda(\sigma_0-\sigma_{mean})}{\sigma_{mean}\sigma_0(0)}\right]\mathrm{d}(u_a-u_w) \tag{5.22}$$

式中，$V$ 为非饱合土的比体积（$V=1+e$）。

由基质吸力引起的非饱和土剪切变形 $\varepsilon_s^{(u_a-u_w)}$ 为

$$\mathrm{d}\varepsilon_s^{(u_a-u_w)} = \frac{\lambda(0)+\kappa}{V}\frac{\Lambda(\sigma_0-\sigma_{mean})}{\sigma_0(0)\sigma_{mean}}\frac{2\sigma_q\dfrac{M(M-9)(M-3)}{9(6-M)}\dfrac{1}{1-\kappa/\lambda(0)}}{M^2[2\sigma_{mean}+\Lambda(u_a-u_w)-\sigma_0]}\mathrm{d}(u_a-u_w) \tag{5.23}$$

3）在沈珠江（1996）提出的非饱和土弹塑性应力-应变的广义吸力模型中，由基质吸力变化 $\Delta(u_a-u_w)$ 引起的非饱和土体体积应变 $\Delta\varepsilon_v^{(u_a-u_w)}$ 为

$$\Delta\varepsilon_v^{(u_a-u_w)} = \left[\frac{e_s-e}{m(1+e_0)}\right]\frac{\Delta(u_a-u_w)}{(u_a-u_w)} \tag{5.24}$$

式中，$e_0$ 为初始孔隙比；$e_s$ 为稳定孔隙比；$m$ 为拟合系数。

基质吸力变化 $\Delta(u_a-u_w)$ 引起的非饱和土的剪切应变 $\Delta\varepsilon_s^{(u_a-u_w)}$ 为

$$\Delta\varepsilon_s^{(u_a-u_w)} = \left[\frac{3\eta/(\eta_f)^2}{1-(\eta/\eta_f)^2}\right]\left[\frac{e_s-e}{m(1+e_0)}\right]\frac{\Delta(u_a-u_w)}{(u_a-u_w)} \tag{5.25}$$

## 5.3.2　非饱和土基质吸力——应变关系的试验验证

毛尚之（2002）在研究非饱和膨胀土的土-水特征曲线时，为了观察枣阳膨胀土在基质吸力作用下的体积变化特性及对土-水特征曲线形状的影响，加工了一组圆柱形试样，用渗析技术法量测含水量与基质吸力之间的关系，并记录其体积变化情况。为便于操作，试样加工后未经过饱和过程。基质吸力作用前后试样体积与含水量变化情况见表 5.1。试验中压实土样的初始基质吸力约为 100kPa。当作用的基质吸力为 50kPa 时，试样吸水，质量增加，体积膨胀；当作用的基质吸力

为 100kPa 时，试样基本处于平衡状态，体积变化很小；当作用的基质吸力大于 200kPa 时，试样排水，质量减小，体积收缩，且吸力越大，体积变化越显著。

表 5.1　基质吸力作用前后试样体积与含水量变化情况

| 试样编号 | 初始状态 | | | | | 基质吸力/kPa | 平衡后 | | | |
|---|---|---|---|---|---|---|---|---|---|---|
| | 体积/cm³ | 质量/g | 干重/g | 含水量/% | 孔隙比 | | 体积/cm³ | 质量/g | 含水量/% | 孔隙比 |
| N-2 | 16.52 | 29.20 | 22.71 | 28.58 | 0.96 | 100 | 16.46 | 29.16 | 28.40 | 0.96 |
| N-3 | 16.87 | 29.66 | 23.03 | 28.79 | 0.98 | 200 | 16.61 | 29.36 | 27.49 | 0.95 |
| N-4 | 17.08 | 29.65 | 23.14 | 28.13 | 0.99 | 500 | 16.44 | 28.88 | 24.81 | 0.92 |
| N-5 | 16.82 | 29.85 | 23.57 | 26.64 | 0.93 | 1000 | 15.98 | 28.94 | 22.78 | 0.83 |
| N-6 | 16.75 | 29.97 | 23.47 | 27.70 | 0.93 | 2000 | 15.17 | 28.11 | 19.77 | 0.74 |

依据表 5.1 得出基质吸力变化过程中，非饱和土体积应变 $\Delta\varepsilon_{\mathrm{v}}^{(u_{\mathrm{a}}-u_{\mathrm{w}})}$、非饱和土中水的体积应变 $\Delta\varepsilon_{\mathrm{w}}^{(u_{\mathrm{a}}-u_{\mathrm{w}})}$、孔隙比变化情况如图 5.1 和图 5.2 所示。

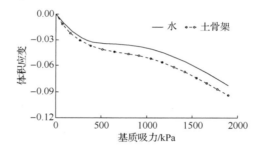

图 5.1　非饱和土体积应变与基质吸力的变化关系

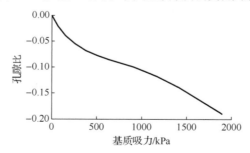

图 5.2　非饱和土孔隙比与基质吸力的变化关系

由图 5.1 和图 5.2 可以看出，非饱和土的体积应变 $\Delta\varepsilon_{\mathrm{v}}^{(u_{\mathrm{a}}-u_{\mathrm{w}})}$、非饱和土中水的体积应变 $\Delta\varepsilon_{\mathrm{w}}^{(u_{\mathrm{a}}-u_{\mathrm{w}})}$ 及孔隙比随基质吸力 $\Delta(u_{\mathrm{a}}-u_{\mathrm{w}})$ 的变化关系是非线性的，且变化趋势相似。

令系数 $A=(e_{\mathrm{s}}-e)/[m(1+e_0)]$，其是由边坡岩土体自身特性确定的。这说明，降雨引起的边坡非饱和土体积应变与其自身特性、基质吸力变化有关。系数 $A$ 随

基质吸力的变化关系为

$$A = \frac{\Delta \varepsilon_{\mathrm{v}}^{(u_{\mathrm{a}}-u_{\mathrm{w}})}}{\dfrac{\Delta(u_{\mathrm{a}}-u_{\mathrm{w}})}{(u_{\mathrm{a}}-u_{\mathrm{w}})}} \tag{5.26}$$

依据表 5.1 得出系数 $A$ 随基质吸力呈非线性变化（图 5.3）。

依据式（5.24）和式（5.25）基质吸力变化 $\Delta(u_{\mathrm{a}}-u_{\mathrm{w}})$ 引起的非饱和土的剪切应变 $\Delta \varepsilon_{\mathrm{s}}^{(u_{\mathrm{a}}-u_{\mathrm{w}})}$，在数值上可以写成：

$$\Delta \varepsilon_{\mathrm{s}}^{(u_{\mathrm{a}}-u_{\mathrm{w}})} = \left[\frac{3\eta/(\eta_f)^2}{1-(\eta/\eta_f)^2}\right] \Delta \varepsilon_{\mathrm{v}}^{(u_{\mathrm{a}}-u_{\mathrm{w}})} \tag{5.27}$$

式（5.27）中系数 $[3\eta/(\eta_f)^2]/[1-(\eta/\eta_f)^2]$ 是由边坡应力状态确定的，这说明，降雨引起的边坡非饱和土的剪切应变，不仅与其自身特性、基质吸力变化有关，而且与边坡的应力状态有关。

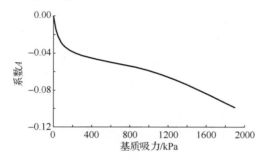

图 5.3　系数 $A$ 与基质吸力的变化关系

# 5.4　含水量与土中基质吸力的关系——土-水特征曲线

对于某非饱和土体，其基质吸力的大小是土体含水量的函数。非饱和土的基质吸力随着含水量的变化而变化，含水量和基质吸力的关系曲线称为土-水特征曲线。土-水特征曲线对于研究非饱和土的物理力学特性至关重要。根据土-水特征曲线可以确定非饱和土的强度、体积应变和渗透系数，甚至可以确定地下水面以上水的分布。因此，研究含水量对非饱和土力学性质的影响，就是研究非饱和土力学性质与基质吸力及土-水特征曲线的相互关系。

土-水特征曲线的研究，起源于土壤学和土壤物理学。当时着重于对天然状态下表层土壤吸力的变化、土壤的持水特性及水分运动特征进行研究，基质吸力值一般小于 100kPa（龚壁卫等，1999；王钊等，2001）。近年来，由于非饱和土力学理论在边坡稳定性评价及降雨型滑坡预测等方面的广泛应用（戚国庆，2007），学者们对非饱和土的土-水特征曲线进行了更加深入的研究，越来越多的数学模型被用来估算非饱和土的土-水特征曲线。

## 5.4.1　土-水特征曲线的数学模型

大部分用于描述土-水特征曲线的数学模型都是根据经验、土体结构特征和曲线的形状而建立起来的。1994 年，Fredlund 等根据土体孔径分布曲线，用统计分析理论给出了适用于所有土类的土-水特征曲线表达式，但公式形式复杂，应用不便。包承纲等通过研究，建议用对数方程来表征土-水特征曲线。由于土-水特征曲线表达式在形式上具有幂函数、对数函数的特征，因此可以运用分形几何方法来描述土-水特征曲线。因而出现了一些土-水特征曲线的分形模型（徐永福和董平，2002）。土-水特征曲线的分形模型试图在土体结构与土-水特征曲线之间建立联系，依据土体结构的分形特征，推求出其土-水特征曲线的数学表达式，所得出的土-水特征曲线的表达式也具有分形特征，目前尚处于探索阶段。

对于非饱和土，土-水特征曲线的数学模型并不是唯一的。土的类型不同，所得出的数学模型也有所不同。依据其数学表达式的形式可分为以下 4 类。

### 1.　以对数函数的幂函数形式表达的数学模型

Fredlund 等（1994）通过对土体孔径分布曲线的研究，用统计分析理论推导出适用于全吸力范围的任何土类的土-水特征曲线表达式：

$$\frac{\theta}{\theta_s} = F(\psi) = C(\psi)\frac{1}{\{\ln[e + (\psi/a)^b]\}^c} \tag{5.28}$$

其中，

$$C(\psi) = 1 - \frac{\ln(1 + \psi/\psi_r)}{\ln(1 + 10^6/\psi_r)}$$

式中：$a$、$b$、$c$ 均为拟合参数，$a$ 为进气值函数的土性参数，$b$ 为当基质吸力超过土的进气值时，土中水流出率函数的土性参数，$c$ 为残余含水量函数的土性参数；$\psi$ 为基质吸力；$\psi_r$ 为残余含水量 $\theta_r$ 所对应的基质吸力；$\theta$ 为体积含水量；$\theta_s$ 为饱和体积含水量。

式（5.28）中，体积含水量 $\theta$ 的取值范围为 $\theta \in [0, \theta_s]$，基质吸力 $\psi$ 的取值范围为 $\psi \in [0, \psi_{max}]$，$\psi_{max}$ 为土体含水量 $\theta = 0$ 时，所能达到的最大基质吸力。由此可见，式（5.28）适用于全吸力范围的任何土类。但式（5.28）形式较为复杂，给实际应用带来诸多不便。

### 2.　幂函数形式的数学模型

Van Genuchten 通过对土-水特征曲线的研究，得出非饱和土体含水量与基质吸力之间的幂函数形式的关系式（刘晓敏等，2001；戚国庆，2007）：

$$\frac{\theta - \theta_r}{\theta_s - \theta_r} = F(\psi) = \frac{1}{[1 + (\psi/a)^b]^{(1-\frac{1}{b})}} \qquad (5.29)$$

式中，$a$、$b$ 为拟合参数，符号意义同前；$\theta_r$、$\theta_s$、$\psi$ 等的符号意义也同前。

式（5.29）中，体积含水量 $\theta$ 的取值范围为 $\theta \in (\theta_r, \theta_s]$，基质吸力 $\psi$ 的取值范围为 $\psi \in [0, \psi_r)$。式（5.29）适用于描述基质吸力变化范围为 $\psi \in [0, \psi_r)$ 的土-水特征曲线。

3. 土-水特征曲线的分形模型

基于土体颗粒质量分布、孔隙数目与孔径之间具有分形特征，依据分形孔隙数目与孔径之间关系和杨-拉普拉斯（Young-Laplace）方程得到土-水特征曲线分形模型的通用表达式（徐永福和董平，2002）：

$$\frac{\theta - \theta_r}{\theta_s - \theta_r} = F(\psi) = \left(\frac{\psi}{\psi_b}\right)^{D_v - 3} \qquad (5.30)$$

式中，$D_v$ 为孔隙体积分布的分维值，$D_v < 3$。

式（5.30）中，体积含水量 $\theta$ 的取值范围为 $\theta \in (\theta_r, \theta_s]$，基质吸力 $\psi$ 的取值范围为 $\psi \in [\psi_b, \psi_r)$。式（5.30）适用于描述基质吸力变化范围为 $\psi \in [\psi_b, \psi_r)$ 的土-水特征曲线。实际上，式（5.30）也是一种幂函数形式的数学模型。

4. 对数函数形式的土-水特征曲线数学模型

包承纲等（1998）通过对非饱和土气相形态的研究和划分，认为在实际工程应用中，只有部分连通和内部连通的两种气相形态需要着重研究（蒋刚等，2001）。对照 Fredlund 等提出的土-水特征曲线表达式所作出的土-水特征曲线，发现该曲线在进气值和残余含水量两个特征点之间近乎为一条直线，于是建议以对数方程来表征土-水特征曲线，并将其简化为

$$\frac{\theta - \theta_r}{\theta_s - \theta_r} = F(\psi) = \frac{\log \psi_r - \log \psi}{\log \psi_r - \log \psi_b} \qquad (5.31)$$

式中，$\psi_b$ 为土的进气值。

式（5.31）中，体积含水量 $\theta$ 的取值范围为 $\theta \in [\theta_r, \theta_s]$，基质吸力 $\psi$ 的取值范围为 $\psi \in [\psi_b, \psi_r]$。式（5.31）适用于描述基质吸力变化范围为 $\psi \in [\psi_b, \psi_r]$ 的土-水特征曲线。式（5.31）较式（5.28）～式（5.30）大为简化，其精度能满足一般工程需求。

## 5.4.2　土-水特征曲线通用表达式数学模型的建立

土-水特征曲线的数学模型都比较复杂，未知参数多由经验得到，而且参数比

较多，应用起来比较困难。在对已有的土-水特征曲线数学模型进行分析研究的基础上，戚国庆（2007）运用泰勒级数展开式将它们写成统一的形式，并推导出以基质吸力为变量的土-水特征曲线通用表达式。

## 1. 通用表达式的数学推导

由于上述 4 类数学模型的右端项都是关于基质吸力 $\psi$ 的函数，因此可以写成：

$$\frac{\theta}{\theta_s} = F(\psi) \text{ 或 } \frac{\theta - \theta_r}{\theta_s - \theta_r} = F(\psi) \tag{5.32}$$

考虑到基质吸力 $\psi$ 的取值范围，在式（5.28）、式（5.29）、式（5.30）中，$\psi = 0$ 处函数皆有定义，但式（5.28）中的 $1/\{\ln[e + (\psi/a)^b]\}^c$ 项、式（5.29）中的 $1/[1 + (\psi/a)^b]^{(1-\frac{1}{b})}$ 项在 $\psi = 0$ 处的 $n$ 阶导数不存在，因而，式（5.28）和式（5.29）不能直接展开为 $\psi$ 的幂级数。式（5.30）和式（5.31）中基质吸力 $\psi$ 的取值范围分别为 $\psi \in [\psi_b, \psi_r)$、$\psi \in [\psi_b, \psi_r]$，也不能直接展开为 $\psi$ 的幂级数。

在 $\psi = \psi_b$ 处，这 4 类数学模型的函数皆有定义且存在 $n$ 阶导数，因此，可以将式（5.28）～式（5.31）在 $\psi = \psi_b$ 处展开为泰勒级数：

$$\begin{cases} \dfrac{\theta}{\theta_s} = F(\psi_b) + F'(\psi_b)(\psi - \psi_b) + \dfrac{F''(\psi_b)}{2!}(\psi - \psi_b)^2 + \cdots + \dfrac{F^n(\psi_b)}{n!}(\psi - \psi_b)^n + Q_n(\psi) \\ Q_n(\psi) = \dfrac{F^{(n+1)}(\xi)}{(n+1)!}(\psi - \psi_b)^n \end{cases}$$

$$\tag{5.33}$$

或

$$\begin{cases} \dfrac{\theta - \theta_r}{\theta_s - \theta_r} = F(\psi_b) + F'(\psi_b)(\psi - \psi_b) + \dfrac{F''(\psi_b)}{2!}(\psi - \psi_b)^2 + \cdots + \dfrac{F^n(\psi_b)}{n!}(\psi - \psi_b)^n + Q_n(\psi) \\ Q_n(\psi) = \dfrac{F^{(n-1)}(\xi)}{(n+1)!}(\psi - \psi_b)^n \end{cases}$$

$$\tag{5.34}$$

式中，$\theta / \theta_s$ 为土体的饱和度；$(\theta - \theta_r)/(\theta_s - \theta_r)$ 为土体的有效饱和度；$Q_n(\psi)$ 为拉格朗日余项。可以证明：在 $\psi_b$ 的邻域内，泰勒级数展开式（5.33）和式（5.34）的拉格朗日余项随着 $n$ 的增大而减小，且当 $n \to \infty$ 时，$\lim Q_n(\psi) = 0$。因此，泰勒级数展开式（5.33）和式（5.34）即为式（5.28）～式（5.31）的精确表达式。

可以取泰勒级数展开式（5.33）和式（5.34）中有限项来近似表达式（5.28）～式（5.31），并且其误差均不大于各自余项的绝对值 $|Q_n(\psi)|$。由于 $|Q_n(\psi)|$ 随着 $n$ 的增大而减小，可以用增加式（5.33）和式（5.34）的项数的办法来提高精度。

泰勒级数展开式（5.33）和式（5.34）为关于 $(\psi - \psi_b)$ 的幂函数多项式形式，将其整理成关于 $\psi$ 的幂函数多项式形式：

$$\frac{\theta}{\theta_s} = A_0 + A_1\psi + A_2\psi^2 + \cdots + A_{n-1}\psi^{(n-1)} + A_n\psi^n + Q_n(\psi) \qquad (5.35)$$

其中，

$$A_0 = F_1(\psi_b) - F_1'(\psi_b)\psi_b + \frac{F_1''(\psi_b)}{2!}\psi_b^2 + \cdots + (-1)^n\frac{F_1^n(\psi_b)}{n!}\psi_b^n$$

$$A_1 = F_1'(\psi_b) - F_1''(\psi_b)\psi_b + \frac{F_1'''(\psi_b)}{2!}\psi_b^2 + \cdots + (-1)^{(n-1)}\frac{F_1^n(\psi_b)}{(n-1)!}\psi_b^{(n-1)}$$

$$\vdots$$

$$A_{n-1} = \frac{F_1^{(n-1)}(\psi_b)}{(n-1)!} + (-1)^{(n-1)}\frac{F_1^n(\psi_b)}{(n-1)!}\psi_b^{(n-1)}$$

$$A_n = \frac{F_1^n(\psi_b)}{n!}$$

或

$$\frac{\theta - \theta_r}{\theta_s - \theta_r} = A_0 + A_1\psi + A_2\psi^2 + \cdots + A_{n-1}\psi^{(n-1)} + A_n\psi^n + Q_n(\psi) \qquad (5.36)$$

式中，$A_0$，$A_1$，$A_2$，$\cdots$，$A_{n-1}$，$A_n$ 为系数。

由式（5.35）和式（5.36）可以得出：任何一类非饱和土的土-水特征曲线的数学模型都可以写成关于基质吸力 $\psi$ 的幂函数多项式形式。换句话说，基质吸力 $\psi$ 的幂函数多项式形式的数学模型是非饱和土的土-水特征曲线的通用数学模型表达式。欲提高精度，只需增加多项式的项数即可。

**2. 运用通用表达式的实例分析**

茹梅莲（1992）对陕北黄土高原非饱和土体基质吸力与含水量关系的试验结果，采用幂函数表达式拟合（表 5.2），相关系数为 89%～99%。

表 5.2　黄土样本土-水特征曲线的幂函数表达式拟合

| 编号 | 采样地区 | 幂函数表达式拟合 | 适用条件 | 相关系数 |
|---|---|---|---|---|
| 1 | 洛川高原 | $\psi = 334.35\theta^{-3.586}$ | $0 < \theta \leq 0.206$ | 0.9694 |
| | | $\psi = 0.00153\theta^{-14.068}$ | $0.206 < \theta \leq 0.335$（$\theta_s$） | 0.9288 |
| 2 | 洛川高原 | $\psi = 2437.22\theta^{-2.160}$ | $0 < \theta \leq 0.295$ | 0.9978 |
| | | $\psi = 3 \times 10^{-9}\theta^{-24.997}$ | $0.295 < \theta \leq 0.338$（$\theta_s$） | 0.8938 |
| 3 | 安塞丘陵 | $\psi = 3660.96\theta^{-1.4388}$ | $0 < \theta \leq 0.323$ | 0.9981 |
| | | $\psi = 2.9 \times 10^{-5}\theta^{-18.048}$ | $0.323 < \theta \leq 0.349$（$\theta_s$） | 0.9743 |
| 4 | 安塞丘陵 | $\psi = 5406.24\theta^{-1.1451}$ | $0 < \theta \leq 0.296$ | 0.9928 |
| | | $\psi = 0.14993\theta^{-9.871}$ | $0.296 < \theta \leq 0.375$（$\theta_s$） | 0.9260 |

续表

| 编号 | 采样地区 | 幂函数表达式拟合 | 适用条件 | 相关系数 |
|------|----------|------------------|----------|----------|
| 5 | 榆林高原 | $\psi = 7207.68\theta^{-0.8873}$ | $0 < \theta \leqslant 0.295$ | 0.9770 |
|   |          | $\psi = 2.8 \times 10^{-4}\theta^{-14.8857}$ | $0.295 < \theta \leqslant 0.335$（$\theta_s$） | 0.9748 |
| 6 | 榆林高原 | $\psi = 4334.06\theta^{-1.152}$ | $0 < \theta \leqslant 0.269$ | 0.9980 |
|   |          | $\psi = 0.00792\theta^{-11.365}$ | $0.269 < \theta \leqslant 0.315$（$\theta_s$） | 0.9182 |

对该试验结果应用通用表达式进行拟合分析（表 5.3），发现土-水特征曲线的通用表达式（幂函数多项式）拟合的相关系数均达到 99%以上。其拟合的效果明显优于幂函数表达式拟合的效果。

表 5.3　黄土样本土-水特征曲线的通用表达式拟合

| 编号 | 采样地区 | 通用表达式拟合 | 适用条件 | 相关系数 |
|------|----------|----------------|----------|----------|
| 1 | 洛川高原 | $S = 0.0054\psi^2 - 0.9197\psi + 101.500$ | $0 \leqslant \theta \leqslant 0.335$（$\theta_s$） | 0.9953 |
| 2 | 洛川高原 | $S = 0.0132\psi^2 - 1.7492\psi + 98.031$ | $0 \leqslant \theta \leqslant 0.338$（$\theta_s$） | 0.9955 |
| 3 | 安塞丘陵 | $S = -0.0001\psi^3 + 0.0313\psi^2 - 2.4726\psi + 99.074$ | $0 \leqslant \theta \leqslant 0.349$（$\theta_s$） | 0.9987 |
| 4 | 安塞丘陵 | $S = -0.0003\psi^3 + 0.0482\psi^2 - 3.0648\psi + 97.603$ | $0 \leqslant \theta \leqslant 0.375$（$\theta_s$） | 0.9922 |
| 5 | 榆林高原 | $S = -0.0002\psi^3 + 0.0344\psi^2 - 2.7888\psi + 99.117$ | $0 \leqslant \theta \leqslant 0.335$（$\theta_s$） | 0.9989 |
| 6 | 榆林高原 | $S = -0.0002\psi^3 + 0.0408\psi^2 - 2.8423\psi + 98.823$ | $0 \leqslant \theta \leqslant 0.315$（$\theta_s$） | 0.9980 |

注：$S$ 为土壤的饱和度（%），$S = (\theta / \theta_s) \times 100\%$。

由表 5.2 可以看出，采用分段幂函数对土-水特征曲线的实验结果进行拟合。各段拟合的相关系数都不一样。由表 5.3 可以看出，应用通用表达式对同一实验结果进行拟合，函数不需分段，而且，对于表 5.2 的样本，通用表达式多项式的次数最高为 3 次，即可达到 99%的拟合相关系数。表 5.3 中常数项数值接近 100（饱和度），符合土体在饱和状态下，基质吸力为零的物理现象。

# 5.5　非饱和土应变与含水量的关系

非饱和土应变与含水量之间关系表达式的形式，是由本构模型、土-水特征曲线数学模型的形式决定的。

1）如果非饱和土的土-水特征曲线为包承纲提出的对数函数形式的数学模型，本构关系为广义吸力模型。

根据式（5.31），当 $\theta = \theta_r$ 时，$(u_a - u_w) = (u_a - u_w)_r$，即非饱和土含水量为残余含水量 $\theta_r$ 时，基质吸力 $(u_a - u_w)$ 为 $(u_a - u_w)_r$；当 $\theta = \theta_s$ 时，$(u_a - u_w) = (u_a - u_w)_b$，即非饱和土含水量为饱和含水量 $\theta_s$ 时，基质吸力 $(u_a - u_w)$ 为 $(u_a - u_w)_b$；当非饱和土含水量从残余含水量 $\theta_r$ 向饱和含水量 $\theta_s$ 变化时，基质吸力与含水量的关系为

$$\frac{\Delta(u_a - u_w)}{(u_a - u_w)_r} = \frac{(u_a - u_w)_r - (u_a - u_w)}{(u_a - u_w)_r}$$

$$= \frac{(u_a - u_w)_r - (u_a - u_w)_r \left[\dfrac{(u_a - u_w)_r}{(u_a - u_w)_b}\right]^{-\frac{\theta - \theta_r}{\theta_s - \theta_r}}}{(u_a - u_w)_r}$$

$$= 1 - \left[\frac{(u_a - u_w)_r}{(u_a - u_w)_b}\right]^{-\frac{\theta - \theta_r}{\theta_s - \theta_r}} \tag{5.37}$$

假设：初始状态，非饱和土的含水量为残余含水量 $\theta_r$，基质吸力为 $(u_a - u_w)_r$，非饱和土的体积应变为 0，非饱和土的剪切应变为 0。基质吸力与变形的关系依据式（5.24）和式（5.25）确定，将式（5.37）代入式（5.24）和式（5.25），则含水量与非饱和土的体积应变关系为

$$\Delta \varepsilon_v^{(u_a - u_w)} = \left[\frac{e_s - e}{m(1 + e_0)}\right] \left\{1 - \left[\frac{(u_a - u_w)_r}{(u_a - u_w)_b}\right]^{-\frac{\theta - \theta_r}{\theta_s - \theta_r}}\right\} \tag{5.38}$$

含水量与非饱和土的剪切应变关系为

$$\Delta \varepsilon_s^{(u_a - u_w)} = \left[\frac{\dfrac{3\eta}{(\eta_f)^2}}{1 - \left(\dfrac{\eta}{\eta_f}\right)^2}\right] \left[\frac{e_s - e}{m(1 + e_0)}\right] \left\{1 - \left[\frac{(u_a - u_w)_r}{(u_a - u_w)_b}\right]^{-\frac{\theta - \theta_r}{\theta_s - \theta_r}}\right\} \tag{5.39}$$

当 $\theta = \theta_s$ 时（饱和状态），非饱和土的体积应变为

$$\Delta \varepsilon_v^{(u_a - u_w)} = \left[\frac{e_s - e}{m(1 + e_0)}\right] \left\{1 - \left[\frac{(u_a - u_w)_r}{(u_a - u_w)_b}\right]^{-1}\right\} \tag{5.40}$$

非饱和土的剪切应变为

$$\Delta \varepsilon_s^{(u_a - u_w)} = \left[\frac{\dfrac{3\eta}{(\eta_f)^2}}{1 - \left(\dfrac{\eta}{\eta_f}\right)^2}\right] \left[\frac{e_s - e}{m(1 + e_0)}\right] \left\{1 - \left[\frac{(u_a - u_w)_r}{(u_a - u_w)_b}\right]^{-1}\right\} \tag{5.41}$$

于是，得到式（5.38）中的体积应变 $\Delta \varepsilon_v^{(u_a - u_w)}$ 及式（5.39）中的剪切应变 $\Delta \varepsilon_s^{(u_a - u_w)}$ 与含水量变量 $\theta$ 之间为指数函数关系。

2）如果土-水特征曲线的数学模型符合幂函数形式的 Van Genuchten 模型，本构关系符合 Fredlund 模型。

根据式（5.29）基质吸力与含水量的关系为

$$(u_{\mathrm{a}} - u_{\mathrm{w}}) = a \left[ \left( \frac{\theta - \theta_{\mathrm{r}}}{\theta_{\mathrm{s}} - \theta_{\mathrm{r}}} \right)^{-\frac{b}{b-1}} - 1 \right]^{1/b} \qquad (5.42)$$

将式（5.42）代入式（5.21）得

$$\varepsilon_{\mathrm{v}}^{(u_{\mathrm{a}}-u_{\mathrm{w}})} = \frac{3}{H} a \left[ \left( \frac{\theta - \theta_{\mathrm{r}}}{\theta_{\mathrm{s}} - \theta_{\mathrm{r}}} \right)^{-\frac{b}{b-1}} - 1 \right]^{1/b} = \frac{1}{H_{\mathrm{w}}} a \left[ \left( \frac{\theta - \theta_{\mathrm{r}}}{\theta_{\mathrm{s}} - \theta_{\mathrm{r}}} \right)^{-\frac{b}{b-1}} - 1 \right]^{1/b} \qquad (5.43)$$

式（5.43）中的体积应变 $\varepsilon_{\mathrm{v}}^{(u_{\mathrm{a}}-u_{\mathrm{w}})}$ 与含水量变量 $\theta$ 之间为幂函数关系。

## 5.6　入渗作用下边坡蠕滑位移的数学模型框架

若令直角坐标系的 $x$ 轴、$y$ 轴位于水平面内，$x$ 轴沿着边坡坡面方向，$y$ 轴垂直于边坡坡面方向，$z$ 轴沿 $xy$ 面的铅直方向，$x,y,z$ 轴的正方向符合右手螺旋法则。$x,y,z$ 轴方向的应变分别为 $\varepsilon_x, \varepsilon_y, \varepsilon_z$，由于沿 $y$ 轴方向边坡的位移受到侧向限制，可以忽略不记，故可以简化为平面应变问题。

非饱和土的体积应变 $\varepsilon_{\mathrm{v}}^{(u_{\mathrm{a}}-u_{\mathrm{w}})}$ 和剪切应变 $\varepsilon_{\mathrm{s}}^{(u_{\mathrm{a}}-u_{\mathrm{w}})}$ 与边坡内某点在 $x$、$z$ 轴方向的应变 $\varepsilon_x$、$\varepsilon_z$ 及剪应变 $\gamma_{xz}$ 之间的关系如下：

$$\begin{cases} \varepsilon_{\mathrm{v}}^{(u_{\mathrm{a}}-u_{\mathrm{w}})} = \varepsilon_x + \varepsilon_z \\ \varepsilon_{\mathrm{s}}^{(u_{\mathrm{a}}-u_{\mathrm{w}})} = \gamma_{xz} \end{cases} \qquad (5.44)$$

边坡体中某点的应变与位移之间存在如下关系：

$$\begin{cases} \varepsilon_x = \dfrac{\partial U}{\partial x} \\[2mm] \varepsilon_z = \dfrac{\partial W}{\partial z} \\[2mm] \gamma_{xz} = \dfrac{\partial U}{\partial z} + \dfrac{\partial W}{\partial x} \end{cases} \qquad (5.45)$$

式中，$U$、$W$ 分别为边坡在 $x$、$z$ 方向的位移。

边坡的蠕滑总位移量 $d_{xz}$ 为

$$d_{xz} = \sqrt{U^2 + W^2} \qquad (5.46)$$

由式（5.44）～式（5.46）可以看出，边坡的总位移量与非饱和土的体积应变 $\varepsilon_{\mathrm{v}}^{(u_{\mathrm{a}}-u_{\mathrm{w}})}$ 和剪切应变 $\varepsilon_{\mathrm{s}}^{(u_{\mathrm{a}}-u_{\mathrm{w}})}$ 成正比关系。

1）若非饱和土的应变与含水量的关系符合式（5.38）和式（5.39），降雨量与边坡土体的含水量成正比，则由降雨引起的边坡蠕滑位移总量 $d_{xz}$ 与降雨量 $I_{\mathrm{a}}$ 之间必存在以下指数函数关系式：

$$d_{xz} = a\,\mathrm{e}^{b I_{\mathrm{a}}} \qquad (5.47)$$

式中，$a$、$b$ 均为拟合参数。

2）若非饱和土的应变与含水量的关系符合式（5.39），降雨量与边坡土体的含水量成正比，则由降雨引起的边坡蠕滑位移总量 $y$ 与降雨量 $I_{\mathrm{a}}$ 之间必存在以下幂函数关系式：

$$d_{xz} = a\,I_{\mathrm{a}}^{b} \qquad (5.48)$$

由式（5.47）和式（5.48）可知，边坡的位移与土体含水量之间存在某种函数关系。而边坡非饱和土体含水量是由降雨决定的（不考虑除降雨之外的其他形式的补给）。降雨量越大，边坡非饱和土体含水量越高，边坡的位移就越大；降雨量越小，边坡非饱和土体含水量越低，边坡的位移就越小。

资料显示（钟荫乾，1998；林孝松，2001；林卫烈和杨舜成，2003），降雨量与边坡蠕滑位移之间确实存在指数关系或幂函数关系。

## 5.7　工程实例：降雨入渗作用下的武都滑坡位移模式

四川武都滑坡为蠕滑型滑坡，其处于蠕滑阶段时，由于滑面还未形成，其变形是非饱和的边坡岩土体在降雨入渗的情况下蠕变产生的。

该滑坡的监测资料显示（曲焰，1986），降雨量越大，滑坡体的位移变形也越大。从旱季进入雨季后，滑坡体位移有较明显的增长（图 5.4）。并且，降雨量 $I_{a}$ 与滑坡体位移 $d_{xz}$ 具有一定相关性，即

$$d_{xz} = a\,\mathrm{e}^{b I_{a}} \qquad (5.49)$$

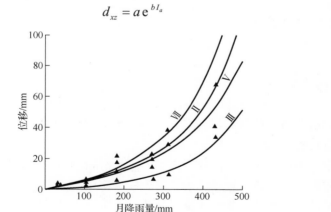

图 5.4　武都 Ⅱ、Ⅲ、Ⅴ、Ⅶ号滑坡位移变形与降雨量的关系

通过回归分析得到：

1）显著变形区：

$$a = 2.9 \sim 3.4，\quad b = 0.0064 \sim 0.0081$$

2）一般变形区：
$$a = 1.05 , \quad b = 0.0077$$

武都滑坡的位移与降雨量之间的关系为指数函数关系。式（5.49）显示的位移与降雨量的关系与分析的规律［式（5.47）］相符合。

# 5.8 工程实例：降雨引起的某矿山边坡位移模式

在 1998 年 3 月～1999 年 4 月期间，对某矿山边坡在经历几次大的降雨之后的位移进行监测，结果如图 5.5 所示。

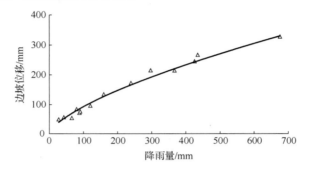

图 5.5 某边坡位移与降雨量关系

监测资料显示，边坡位移 $d_{xz}$ 与降雨量 $I_a$ 具有一定相关性，即

$$d_{xz} = a I_a^b \tag{5.50}$$

通过回归分析得到：

1）显著变形区：
$$a = 4.4693 , \quad b = 0.6603$$

2）相关系数：
$$R = 0.9811 , R=0 \text{ 表示不相关；} R=1 \text{ 表示完全相关}$$

某矿山边坡的位移与降雨量之间的关系为幂函数关系。式（5.50）显示的位移与降雨量的关系与式（5.48）相吻合。

降雨入渗引起的边坡位移与降雨入渗的饱和-非饱和渗流过程有关，主要表现在位移滞后于降雨，并存在降雨累积效应。降雨入渗引起的边坡位移与降雨量之间存在某种函数关系。降雨入渗引起边坡岩土体中基质吸力降低，导致边坡岩土体强度及边坡稳定性下降，其外在表现就是边坡体的位移变化。运用已建立的边坡蠕滑位移与降雨量关系的模型框架［式（5.47）和式（5.48）］，可以很方便地建立降雨量与滑坡位移关系的预报模型。

# 5.9 小　　结

边坡失稳前往往经历一个位移变形期,降雨量与边坡位移具有很强的相关性。因此,本书对这一方面进行了研究。

## 1. 基质吸力-应变规律研究

通过对非饱和土本构关系的研究,发现基质吸力的变化也能引起土体变形。实际上,泄洪雾雨或降雨入渗过程中边坡体发生的变形位移就直接证明了这一点。

## 2. 入渗引起的边坡位移框架模型研究

依据基质吸力-应变关系,结合非饱和土的土-水特征曲线,从理论上推导出边坡位移与降雨量关系的数学模型框架。以某矿山边坡为例,通过降雨入渗数值模拟,确定边坡非饱和渗流场,依据边坡位移与降雨量关系的框架模型,以及该矿山边坡位移监测资料,对雨季的边坡位移与降雨量关系进行分析探讨。

## 参 考 文 献

陈守义,1997. 考虑入渗和蒸发影响的土坡稳定性分析方法[J]. 岩土力学,18(2):8-12,22.

陈正汉,黄海,卢再华,2001. 非饱和土的非线性固结模型和弹塑性固结模型及其应用[J]. 应用数学和力学,22(1):93-103.

范秋雁,1996. 非饱和土剑桥模型的基本框架[J]. 岩土力学,17(3):8-14.

龚壁卫,包承纲,刘艳华,等,1999. 膨胀土边坡的现场吸力量测[J]. 土木工程学报,32(1):9-13.

蒋刚,林鲁生,刘祖德,等,2001. 考虑非饱和土强度的边坡稳定分析方法及应用[J]. 岩石力学与工程学报,20(1):1070-1074.

林卫烈,杨舜成,2003. 滑坡与降雨量相关性研究[J]. 福建水土保持,15(1):28-32,52.

林孝松,2001. 滑坡与降雨研究[J]. 地质灾害与环境保护,12(3):1-7.

刘晓敏,赵慧丽,王连俊,2001. 非饱和粉质粘土的土水特性试验研究[J]. 地下空间,21(5):375-378.

卢肇钧,1999. 粘性土抗剪强度的研究与展望[J]. 土木工程学报,32(4):3-9.

毛尚之,2002. 非饱和膨胀土的土-水特征曲线研究[J]. 工程地质学报,10(2):129-133.

戚国庆,2007. 降雨对边坡的影响研究[R]. 四川大学博士后研究报告. 成都:四川大学.

戚国庆,黄润秋,2015. 基质吸力变化引起的体积应变研究[J]. 工程地质学报,23(3):491-497.

曲焰,1986. 武都滑坡发生发展及其预测[A]. //中国岩石力学与工程学会地面岩石工程专业委员会和中国地质学会工程地质专业委员会,孙广忠主编. 中国典型滑坡实例学术讨论会论文集——《中国典型滑坡》[C]. 北京:科学出版社,355-360.

茹梅莲,1992. 陕北黄土水分特性研究[J]. 干旱地区农业研究,10(3):67-73.

沈珠江，1996．广义吸力和非饱和土的统一变形理论[J]．岩土工程学报，18（2）：1-9．

盛岱超，杨超，2012．关于非饱和土本构研究的几个基本规律的探讨[J]．岩土工程学报，34（3）：438-456．

王钊，龚壁卫，包承纲，2001．鄂北膨胀土坡基质吸力的量测[J]．岩土工程学报，23（1）：64-67．

王志玲，张印杰，彭劼，2002．非饱和土的弹塑性模型研究[J]．岩土力学，23（5）：597-600．

邢义川，谢定义，骆亚生，2003．非饱和土有效应力及力学特性研究浅析[J]．西北农林科技大学学报（自然科学版），31（2）：171-176．

徐永福，1996．非饱和土本构模型研究综述[J]．水利水电科技进展，16（5）：4-9．

徐永福，董平，2002．非饱和土的水分特征曲线的分形模型[J]．岩土力学，23（4）：400-405．

徐永福，刘松玉．1999．非饱和土强度理论及其工程应用[M]．南京：东南大学出版社．

殷宗泽，周建，赵仲辉，等，2006．非饱和土本构关系及变形计算[J]．岩土工程学报，28（2）：137-146．

钟荫乾，1998．滑坡与降雨关系及其预报[J]．中国地质灾害与防治学报，9（4）：81-86．

周建，2009．非饱和土本构模型中应力变量选择研究[J]．岩石力学与工程学报，28（6）：1200-1207．

陈正汉，周海清，FREDLUND D G，1999．非饱和土的非线性模型及其应用[J]．岩土工程学报，21（5）：603-608．

弗雷德隆德 D G，拉哈尔佐 H，1997．非饱和土力学[M]．陈仲颐，张在明，陈愈炯，等译．北京：中国建筑工业出版社．

BISHOP A W, 1955. The use of the slip circle in the stability analysis of slopes[J]. Geotechnique, 5(1):5, 7-17.

BISHOP A W, ALPAN I, BLIGHT G E, et al, 1960. Factor controlling the shear strength of partly saturated cohesive soils[R]. ASCE Research Conference on the Shear Strength of Cohesive Soils: 503-532.

BISHOP A W, BLIGHT G E, 1963. Some aspects of effective stress in saturated and partly saturated soils[J]. Geotechnique, 13(3):177-197.

CHEN Z H, FREDLUND D G, GAN J, 1999. Overall volume change, water volume change, and yield associated with an unsaturated compacted loess[J]. Canadian Geotechnical Journal, 36:321-329.

FREDLUND D, XING A, 1994. Equations for the soil-water characteristic curve[J]. Canadian Geotechnical Journal, 31(4): 521-532.

KHALILI N, GEISER F, BLIGHT G E, 2004. Efective stress inunsaturated soils,a review with new evidence[J]. Internationa Journal of Geomechanics, 4(2):115-126.

MANCUSO C, VASSALLO R, D'ONOFRIO A, 2002. Small strain behaveor of a silty sand in controlled-suction resonant column-torsional shear tests[J]. Canadian Geotechnical Journal, 39(1): 22-31.

MILLER C J, YESILLER N, YALDO K, 2002. Impact of soil type and compaction conditions on soil water characteristic[J]. Journal of geotechnical and Geoenvironmental Engineering, 128:733-775.

MORGENSTERN N R, PRICE V E, 1965. The analysis of stability of general slip surfaces[J]. Geotechnique, 15(1):79-93.

TERZAGHI K, 1943. Theoretical soil mechanics[M]. New York: John Wiley.

# 第 6 章　泄洪雾雨作用下的边坡稳定性评价

　　无论是自然降雨，还是泄洪雾化降雨，雨水的入渗都将使非饱和土体的含水量增加，基质吸力降低，甚至消失，非饱和土体中由基质吸力引发的抗剪强度也随之降低或消失，从而造成边坡稳定性降低，导致边坡失稳（黄润秋，2007；戚国庆，2004，2007）。

　　对于雾化岩质边坡，其失稳受软弱结构面的控制。泄洪雾化边坡稳定性评价主要采用定性方法和数值方法。周雄华等（2004）基于锦屏水电站坝址岸坡岩体结构特征分析，提出了雾化区边坡可能出现的失稳模式。刘明等（2006）通过对锦屏水电站左岸雾化岸坡稳定性的研究，发现长时间的泄洪雾雨会造成岩体裂隙充水，产生孔压，岩体软化，强度降低，进而使边坡稳定性降低或失稳；雾化岩质边坡失稳的模式及规模明显受坡体结构控制。朱济祥等（1997）、李瓒（2001）认为龙羊峡水电站虎山坡滑坡是由于泄洪雾化，导致 $F_{306}$ 夹泥断层充水软化，边坡沿该软弱结构面，发生蠕滑-拉裂式的破坏失稳。黄宜胜等（2007）推导了基于 Hock-Brown 准则的抛物线型 Drucker-Prager 准则，证明了基于抛物线型 Drucker-Prager 准则的有限元强度折减法中材料参数的合理性。并据此分析了茨哈峡水电站右岸边坡在泄洪雾化状况下的稳定性。张伯涛等（2011）考虑了坡体内自由水位以上，边坡体非饱和渗流对结构面黏聚力的影响，采用三维条分法计算了典型雾化降雨过程中不同时刻边坡体稳定性系数的变化。尹鹏海和姚孟迪（2013）基于一次典型泄洪雾化入渗过程的有限元分析，考虑暂态饱和区的渗透荷载、非饱和区的负孔隙水压力及结构面遇水软化降低其抗剪强度等，采用 FLAC3D 软件对金沙江白鹤滩水电站左岸雾化区岩质边坡在不同时刻的横河向位移、应力、剪切应变率进行计算。

　　鉴于岩质边坡问题的复杂性，本书仅针对土质边坡或可视为等效连续介质的岩质边坡，在泄洪雾化降雨入渗影响下的稳定性分析方法进行探讨。本书解决雾雨入渗影响边坡稳定性问题的思路如下：从研究非饱和土体中由基质吸力引发的抗剪强度受雨水入渗影响入手，依据边坡稳定性分析的极限平衡方法，推导出考虑基质吸力对边坡稳定性影响的 Bishop 法、Janbu 法、不平衡推力传递法的计算公式；在此基础上，推导出 Bishop 法、Janbu 法、不平衡推力传递法、普遍极限平衡分析法中边坡稳定性系数对基质吸力的导数；据此对工程实例进行分析探讨。

# 6.1　入渗对非饱和土抗剪强度的影响

非饱和土的抗剪强度主要由 3 个部分组成：①有效黏聚力；②与土骨架上应力有关的抗剪强度；③由基质吸力引发的抗剪强度。入渗主要是对非饱和土中由基质吸力引发的抗剪强度产生影响。

## 6.1.1　非饱和土的破坏准则

非饱和土中，作用于土骨架上的应力与作用于收缩膜上的基质吸力是两种性质不同的力。两者发生的变化对非饱和土抗剪强度所产生的影响也不同。对基质吸力作用的不同认识，就产生了下述 3 类不同形式的非饱和土抗剪强度公式。

### 1. Bishop 基于非饱和土有效应力的抗剪强度公式

Bishop 将饱和土的有效应力概念延伸应用于非饱和土，将基质吸力与作用在土骨架上的应力合并，采用一个单值的有效应力变量，提出非饱和土有效应力的抗剪强度公式，即

$$\tau_f = C' + [(\sigma - u_a) + \chi(u_a - u_w)]\tan\phi' \qquad (6.1)$$

式中，$\chi$ 为经验系数，与土体的饱和度、类型及应力路径有关，在实际应用中，$\chi$ 难以确定；$C'$ 为莫尔-库伦（Mohr-Coulomb）破坏包线的延伸与剪应力轴的截距，在剪应力轴处的净法向应力和基质吸力均为零，它也称为有效黏聚力；$\sigma$ 为破坏时在破坏面上的法向总应力；$u_a$ 为破坏时在破坏面上的孔隙气压力，一般的边坡稳定性分析时，认为孔隙气压力以大气压为起算点，即 $u_a = 0$；$u_w$ 为破坏时在破坏面上的孔隙水压力；$\phi'$ 为与净法向应力状态变量 $(\sigma - u_a)$ 有关的内摩擦角。

### 2. Fredlund 非饱和土抗剪强度公式

Fredlund 分别考虑基质吸力与作用在土骨架上的应力，提出了双变量的非饱和土抗剪强度公式，即

$$\tau_f = C' + (\sigma - u_a)\tan\phi' + (u_a - u_w)\tan\phi^b \qquad (6.2)$$

式中，$\phi^b$ 表示抗剪强度曲线随基质吸力 $(u_a - u_w)$ 的增加而增加的倾角。

Fredlund 非饱和土抗剪强度公式中采用的是以孔隙气压力 $u_a$ 为基准的应力状态变量 $(\sigma - u_a)$ 和 $(u_a - u_w)$ 组合。Fredlund 建议的非饱和土抗剪强度公式是莫尔-库伦饱和土抗剪强度公式的延伸。两者之间可以平顺地过渡，当土体饱和时，孔隙水压力 $u_w$ 等于孔隙气压力 $u_a$，因此，基质吸力 $(u_a - u_w)$ 等于零。式（6.2）中的基质吸力项消失，从而平滑地过渡为饱和土抗剪强度公式。

　　Fredlund 非饱和土抗剪强度准则［式（6.2）］的破坏包面，可能是三维空间中的一个平面，也可能是曲面。

　　3. 广义吸力的非饱和土抗剪强度公式

　　Rohm 和 Vilar（1995）认为抗剪强度与基质吸力之间存在双曲线关系。沈珠江（1996）用广义吸力 $(u_a - u_w)_s$ 代替基质吸力（徐永福和刘松玉，1999），得到抗剪强度与广义吸力之间的双曲线关系公式，即

$$\tau_f = C' + (\sigma - u_a)\tan\phi' + (u_a - u_w)_s \tan\phi' \qquad (6.3)$$

式中，$(u_a - u_w)_s = \dfrac{(u_a - u_w)}{1 + d(u_a - u_w)}$，$d$ 为常数。

　　Fredlund 也意识到吸力作用面积随饱和度的降低而减小的事实，由此给出非饱和土抗剪强度的非线性公式，即

$$\tau_f = C' + (\sigma - u_a)\tan\phi' + \tan\phi' \int_0^{(u_a - u_w)_s} \frac{S - S_r}{1 - S_r}\, d(u_a - u_w) \qquad (6.4)$$

其中，

$$S = \left[1 - \frac{\ln[1 + (u_a - u_w)/(u_a - u_w)_{sr}]}{\ln[1 + 10^6/(u_a - u_w)_{sr}]}\right] \frac{1}{(\ln\{e + [(u_a - u_w)/a]^b\})^c}$$

式中，$S_r$ 为非饱和土体的残余饱和度（风干土的饱和度）；$S$ 为非饱和土体的饱和度；$a$ 为进气值函数的土性参数；$b$ 为当基质吸力超过土的进气值时，土中水流出率函数的土性参数；$c$ 为残余含水量函数的土性参数；$(u_a - u_w)_{sr}$ 为残余饱和度 $S_r$ 所对应的基质吸力。

　　式（6.4）中参数较多，且较复杂，给实际应用带来诸多不便。因此，对于各种土体，可以通过试验手段测得土-水特征曲线的简化公式，由此得到的抗剪强度公式便于实践应用。

## 6.1.2　基质吸力引发的抗剪强度

　　式（6.1）、式（6.2）、式（6.4）为 3 种非饱和土抗剪强度公式，但目前应用最多的是 Fredlund 建立的非饱和土抗剪强度公式，即式（6.2）。因此，基于式（6.2）得出非饱和土由基质吸力引发的抗剪强度为

$$\tau_{(u_a - u_w)} = (u_a - u_w)\tan\phi^b \qquad (6.5)$$

　　由于 $\phi^b$ 为抗剪强度曲线随基质吸力 $(u_a - u_w)$ 的增加而增加的倾角，依据 Gan（1988）的试验，得到 $\phi^b$ 角与基质吸力 $(u_a - u_w)$ 的关系，主要有 4 种。

1. $\phi^b$ 角是基质吸力的线性函数

当 $\phi^b$ 角是基质吸力的线性函数时，由固结排水试验确定的 $\phi^b$ 角与基质吸力 $(u_a - u_w)$ 的相关关系为

$$\phi^b = 28.5 - 0.1[(u_a - u_w) - (u_a - u_w)_b] \tag{6.6}$$

式中，$(u_a - u_w)_b = 65\text{kPa}$。

2. $\phi^b$ 角是基质吸力的幂函数

当 $\phi^b$ 角是基质吸力的幂函数时，相关公式为

$$\begin{cases} \tan\phi^b = (u_a - u_w)^{-0.41} \tan\phi' & (\text{固定含水量试验}) \\ \tan\phi^b = (u_a - u_w)^{-0.59} \tan\phi' & (\text{固结排水试验}) \end{cases} \tag{6.7}$$

3. $\phi^b$ 角是基质吸力的线性函数和幂函数的组合

当 $\phi^b$ 角是基质吸力的线性函数和幂函数的组合时，令线性函数和幂函数的连接点处的基质吸力为 $(u_a - u_w)_{st}$。当 $(u_a - u_w) < (u_a - u_w)_{st}$ 时，$\phi^b$ 角与基质吸力 $(u_a - u_w)$ 的关系为线形函数；当 $(u_a - u_w) \geqslant (u_a - u_w)_{st}$ 时，$\phi^b$ 角与基质吸力 $(u_a - u_w)$ 的关系为幂函数，即

$$\tan\phi^b = 520 (u_a - u_w)^{-1.30} \tan\phi' \tag{6.8}$$

4. $\phi^b$ 角是基质吸力的双曲线函数和幂函数的组合

当 $\phi^b$ 角是基质吸力的双曲线函数和幂函数的组合时，令双曲线函数和幂函数的连接点处的基质吸力为 $(u_a - u_w)_{st}$。当 $(u_a - u_w) < (u_a - u_w)_{st}$ 时，$\phi^b$ 角与基质吸力 $(u_a - u_w)$ 的关系为双曲线函数，即

$$\tan\phi^b = \frac{\tan\phi'}{1 + 0.01(u_a - u_w)} \tag{6.9}$$

当 $(u_a - u_w) \geqslant (u_a - u_w)_{st}$ 时，$\phi^b$ 角与基质吸力 $(u_a - u_w)$ 的关系为幂函数，即

$$\tan\phi^b = 190(u_a - u_w)^{-1.12} \tan\phi' \tag{6.10}$$

非饱和土抗剪强度与基质吸力的关系，如图 6.1 所示。从图 6.1 中可以看出：

1）基质吸力对非饱和土的抗剪强度的影响主要取决于土粒接触点处孔隙水面积的大小。当基质吸力小于非饱和土的进气值时，土体接近饱和状态，土粒接触点处的孔隙水面积 $A_u$ 与饱和土粒接触点处的孔隙水面积 $A_0$ 相等（徐永福和刘松玉，1999）。这时基质吸力对抗剪强度的影响等价于净法向应力 $(\sigma - u_a)$ 对抗剪强度的影响，意味着 $\phi^b = \phi'$。

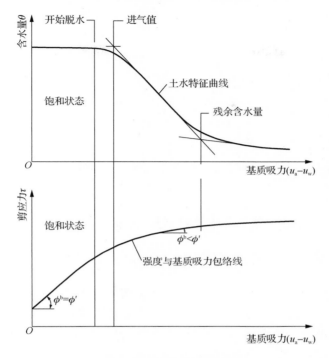

图 6.1　非饱和土抗剪强度与基质吸力的关系

2）随着土体饱和度的降低，基质吸力增加，非饱和土的土粒接触点处的孔隙水面积 $A_u$ 逐渐减小，使 $A_u < A_0$，这时基质吸力对抗剪强度的影响小于净法向应力 $(\sigma - u_a)$ 对抗剪强度的影响，也就是说 $\phi^b < \phi'$。随基质吸力的增加，$\phi^b$ 进一步减小。当基质吸力大于残余基质吸力时，基质吸力对抗剪强度的影响很小，此时，$\phi^b$ 角很小，接近于定值。

由此可见，非饱和土的抗剪强度与基质吸力之间的关系与无量纲的孔隙水面积有关，即

$$\tau_s = (u_a - u_w) a_w \tan \phi' \tag{6.11}$$

其中，

$$a_w = \frac{A_{dw}}{A_{tw}}$$

式中，$\tau_s$ 为基质吸力引起的抗剪强度；$A_{dw}$ 为非饱和土的孔隙水面积；$A_{tw}$ 为饱和土的孔隙水面积；$a_w$ 为孔隙水面积的无量纲值，其取值范围为 0～1。当基质吸力小于进气值时，饱和度 $S = 100\%$，$a_w = 1$；对于风干土，$a_w = 0$。

无量纲的孔隙水面积与饱和度 $S$ 之间的关系常用指数函数表示，即

$$a_w = S^n \tag{6.12}$$

式中，$n$ 为拟合参数。

根据土-水特征曲线方程，将非饱和土的含水量 $\theta$ 表示为基质吸力（$u_a - u_w$）的函数，即

$$\theta = f(u_a - u_w) \tag{6.13}$$

令饱和度 $S = f(u_a - u_w)/\theta_s$，由式（6.11）～式（6.13），可以得到：

$$\frac{\tan \phi^b}{\tan \phi'} = \left[ \frac{f(u_a - u_w)}{\theta_s} \right]^n \tag{6.14}$$

式中，$\theta_s$ 为饱和体积含水量，

$\phi^b$ 角与基质吸力 $(u_a - u_w)$ 之间函数关系的形式取决于土-水特征曲线方程的形式，对于高饱和度土体（$S > 50\%$），$n = 1$。

## 6.1.3　入渗对边坡稳定性的影响机理

入渗导致边坡非饱和区基质吸力降低，边坡非饱和区基质吸力引发的抗剪强度也随之降低，进而导致边坡稳定性降低，甚至失稳。

非饱和土体中存在由基质吸力引发的抗剪强度，因此旱季，负孔隙水压力（或基质吸力）的升高会造成稳定性系数的提高。在雨季里，雨水入渗边坡导致基质吸力降低，因而黏聚力减小，边坡的稳定性系数可能显著下降（Wang et al，2002；黄润秋和戚国庆，2002；Zhang and Shao，2003；黄润秋等，2007）。

Fredlund 给出了简单土坡的稳定性随基质吸力的变化关系，如图 6.2 所示。

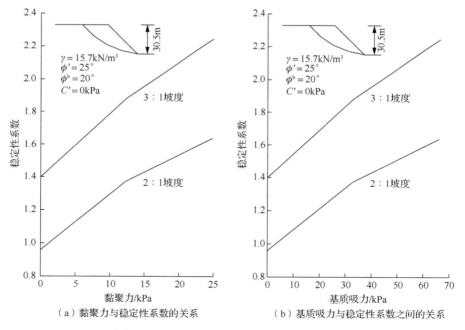

图 6.2　简单土坡的稳定性随基质吸力的变化

# 6.2　边坡极限平衡分析方法

在边坡工程领域中，应用最早、经验积累最多，且又为各种边坡工程规范认可的稳定性评价方法是极限平衡分析法。这种方法是基于极限平衡或力矩平衡理论，通过力的平衡或者力和力矩两者都平衡建立起边坡稳定性系数表达式。其他方法还包括塑性极限分析法（钱家欢和殷宗泽，1996）、数值方法（Chang，2002；王桂萱和王中正，1987）、可靠度方法（鲁兆明和祝玉学，1992；EI-Ramly et al.，2002）、人工智能方法（冯夏庭，1999）等。但这些方法目前尚未被工程规范认可，其研究仅限于理论探讨方面。本书的目的是建立工程上适用的分析、评价雨水入渗影响下边坡稳定性方法体系，因此应以极限平衡分析法为主要边坡的定性分析方法进行研究。

## 6.2.1　潘家铮公设

极限平衡法仅考虑静力平衡，不考虑变形协调，因而它始终是近似方法。不少学者试图从理论上解释这个方法的合理性，1977 年，我国学者潘家铮提出了极大极小原理，他认为：

1）滑坡体如能沿多个滑面滑动，则失稳时它将沿抵抗力最小的一个滑面破坏（极小值原理）。

2）滑坡体的滑面确定时，则滑面上的反力（以及滑坡体内的内力）能自行调整，以发挥最大的抗滑能力（极大值原理）。

潘家铮提出的极大极小原理又称为潘家铮公设。陈祖煜和 Donald 证明了潘家铮公设的合理性（陈祖煜，2003），孙君实（1984）也从不同角度对潘家铮公设做了证明。因此，潘家铮公设是极限平衡分析法的有力理论基础。

## 6.2.2　极限平衡法计算原理

### 1．边坡稳定性系数定义

极限平衡分析的条分法假定边坡稳定问题是个平面应变问题，边坡稳定性系数是用滑裂面上全部抗滑力矩与全部滑动力矩之比来定义的。1955 年，Bishop 提出的关于稳定性系数定义的改变，对条分法的发展起了非常重要的作用（陈祖煜，2003）。Bishop 将土坡稳定性系数 $F_S$ 定义为沿整个滑裂面的抗剪强度 $\tau_f$ 与实际产生的剪应力 $\tau$ 之比，即

$$F_S = \frac{\tau_f}{\tau} \tag{6.15}$$

这不仅使稳定性系数的物理意义更加明确，使用范围更广泛，还为以后非圆弧滑动分析及土条分界面上条间力的各种考虑方式提供了依据。

2. 条间力系分析

将滑动土体划分成 $n$ 个土条，任取其中第 $i$ 个土条，如图 6.3 所示。其上作用的已知力有：土条本身质量 $W_i$，水平作用力（如地震惯性力）$Q_i$，法各条间力 $E_i$，切向条间力 $X_i$，土条底部的切向力 $T_i$ 和法向力 $N_i$，作用于土条两侧的孔隙水压力 $U_l$ 与 $U_r$ 以及作用与土条底部的孔隙水压力 $U_i$。另外，当滑裂面形状确定后，土条的有关几何尺寸，如底部坡角 $\alpha_i$、底长 $l_i$ 以及滑裂面上的强度指标 $C_i'$、$\tan \phi_i'$ 也都是定值。因此，对于整个滑动土体来说，为了达到力的平衡，需要求解的未知量如下。

1）每一土条底部的有效法向反力 $N_i'$，计 $n$ 个。

2）稳定性系数 $F_S$（每一土条底部的切向力 $T_i$ 可用法向力 $N_i$ 及 $F_S$ 求出），1 个。

3）两相邻土条分界面上的法向条间力 $E_i$，计 $n-1$ 个。

4）两相邻土条分界面上的切向条间力 $X_i$（或 $X_i$ 与 $E_i$ 的交角 $\theta_i$），计 $n-1$ 个。

5）两相邻土条切向条间力 $X_i$ 及 $E_i$ 合力作用点位置 $z_i$，计 $n-1$ 个。

6）每一土条底部 $T_i$ 及 $N_i$ 合力作用点位置 $\alpha_i$，计 $n$ 个。

这样，共计有 $5n-2$ 个未知量，而所能得到的只有各土条水平向及垂直向力的平衡及力矩平衡共 $3n$ 个方程。

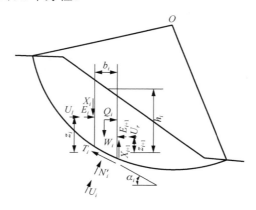

图 6.3　土条上的作用力

3. 简化规则

如果把土条取得极薄，土条底部 $T_i$ 及 $N_i$ 合力作用点位置可近似认为作用于土条底部的中点，则 $\alpha_i$ 为已知。这样未知量减少到 $4n-2$ 个，与方程数相比，还有

$n-2$ 个未知量无法求出，要使问题得解，就必须建立新的条件方程。有两个可能途径：一种是引进土体本身的应力-应变关系，但这会使问题变得非常复杂；另一种就是做出各种简化假定以减少未知量或增加方程数。这样的假定大致有下列 3 种。

1）假定 $n-1$ 个切向条间力 $X_i$ 值。其中最简单的就是 Bishop 在他的简化方法中假定所有的 $X_i$ 均为零（陈祖煜，2003）。

2）假定 $X_i$ 与 $E_i$ 的交角 $\theta_i$ 或条间力合力的方向（这个方向通常均需通过试算加以确定）。属于这一类的有 Spencer 法、Sarma 法、Morgenstern-Price 法，以及目前国内工业、民用建筑及铁道部门广泛使用的不平衡推力传递法等。

3）假定条间力合力的作用点位置，如 Janbu 法。

4．计算方法

做了这些假定之后，问题就可以进行求解，而且，一般来说，这些方法并不都一定要求滑裂面是个圆弧面。但各类方法计算步骤大多仍然非常复杂，一般均需试算或迭代。考虑土条条间力的作用，可以提高稳定性系数，但任何合理的假定求出的条间力必须满足下列两个条件。

1）在土条分界面上不违反土体破坏准则。由切向条间力得出的平均剪应力应小于分界面土体的平均抗剪强度，或每一土条分界面上的抗剪稳定性系数 $F_v$ 必须大于 1（作为平衡设计，$F_v$ 应不小于 $F_S$）；

2）一般情况下，不允许土条间出现拉力。

# 6.3　考虑入渗影响的边坡稳定性分析原理

传统的边坡稳定性极限平衡分析方法是建立在饱和土体莫尔-库伦强度准则基础上的，对于雨水入渗作用下的边坡稳定性分析，仅限于考虑饱和流场内由于降雨引起的地下水压力升高对边坡稳定性的影响。而基于非饱和土力学理论的边坡稳定性极限平衡分析方法则是建立在非饱和土体引申的莫尔-库伦强度准则基础上的，对于入渗作用下的边坡稳定性分析，不仅考虑饱和区内由于降雨引起的地下水压力升高对边坡稳定性的影响，还考虑非饱和区由基质吸力变化引起的抗剪强度变化对边坡稳定性的影响。

传统的边坡稳定性极限平衡分析方法很多，如 Fellenius 法、Janbu 法、Bishop 法、Spencer 法、Lowe-Karafiath 法、Sarma 法、Morgenstern-Price 法、不平衡推力传递法、普遍极限平衡分析法等。要用这些方法进行基于非饱和土力学理论的边坡稳定性极限平衡分析，就需要对其进行修正。

## 6.3.1    考虑基质吸力抗剪强度的条间力修正

鉴于极限平衡分析方法的 3 种简化规则，仅对 Bishop 法、Janbu 法、不平衡推力传递法、普遍极限平衡分析法进行探讨。

1. 条块底面引发的抗剪力

滑体中某一个条块，采用如图 6.4 所示的条块力系。则条块底面引发的抗剪力 $S_m$，可据非饱和抗剪强度公式（6.2）写成如下形式：

$$S_m = \frac{1}{F_S}[C'\beta + N\tan\phi' - u_w\,\beta\tan\phi^b] \tag{6.16}$$

式中，$N$ 为条块底面的法向力；$\beta$ 为条块底面的斜向长度；$F_S$ 为稳定性系数，为了使假设滑动面上的岩体进入极限平衡状态，岩体的抗剪强度参数必须按此系数折减。

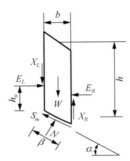

图 6.4    条块受力情况

2. 条块底面的法向力

条块底面的法向力 $N$ 为

$$N = \frac{W - (X_R - X_L) - \dfrac{c'\beta\sin\alpha}{F_S} + u_w\,\dfrac{\beta\sin\alpha}{F_S}\tan\phi^b}{\cos\alpha + \dfrac{(\sin\alpha\tan\phi')}{F_S}} \tag{6.17}$$

式中，$W$ 为宽度为 $b$、长度为 $h$ 的条块总质量；$X_L$、$X_R$ 分别为条块左侧、右侧条间竖向剪力；$\alpha$ 为条块底面中点的切线与水平面的夹角。

3. 条块底面的切向力

根据式（6.15）得条块底面的切向力 $T$，即

$$T = \tau\beta = \frac{\tau_f}{F_S}\beta = \frac{1}{F_S}[C'\beta + N\tan\phi' - u_w\,\beta\tan\phi^b] \tag{6.18}$$

由式（6.16）、式（6.18）可以看出，条块底面的切向力 $T$ 就是条块底面引发的抗剪力 $S_m$。

如果土块底面位于饱和区（带）内，式（6.17）和式（6.18）中的 $\tan\phi^b$ 项换成 $\tan\phi'$。于是，式（6.17）和式（6.18）也就恢复成饱和土边坡稳定性分析时惯用的法向力公式、切向力公式。

## 6.3.2　考虑基质吸力抗剪强度的简化 Bishop 法

简化 Bishop 法假定条块间切向力 $X = 0$，条块间法向力 $E \geqslant 0$，也就是假定条块间力的合力是水平的。若不考虑水平作用力（如地震惯性力）$Q_i$，则在极限平衡时，各土条对圆心的力矩之和应当为零，此时条间力的作用相互抵消。采用图 6.4 所示的条块力系，得

$$\sum WR_x - \sum NR_f - \sum S_m R = 0 \tag{6.19}$$

式中，$R_x$ 为条块中线至转动中心或力矩中心的水平距离；$R$ 为圆弧滑动面的半径或任意形状滑动面上的抗剪力 $S_m$ 的力矩的臂；$R_f$ 为法向力 $N$ 的作用线至转动中心或力矩中心的垂直距离。

将式（6.17）和式（6.18）代入式（6.19）中，且令 $R_x = R\sin\alpha$，最后得到稳定性系数的计算公式，当滑面为非圆弧形滑面时为

$$F_s = \frac{\sum\left[C'\beta + \left[N - u_w\,\beta\dfrac{\tan\phi^b}{\tan\phi'}\right]\tan\phi'\right]R}{\sum WR_x - \sum NR_f} \tag{6.20}$$

当滑面为圆弧形滑面时为

$$F_s = \frac{\sum\left[C'\beta + \left[N - u_w\,\beta\dfrac{\tan\phi^b}{\tan\phi'}\right]\tan\phi'\right]}{\sum W\sin\alpha} \tag{6.21}$$

式（6.20）和式（6.21）给出的是滑面位于非饱和区的情况，$u_w$ 代表基质吸力，以负值代入；若某段滑面位于饱和区，只需将式（6.20）和式（6.21）中的 $\tan\phi^b$ 换成 $\tan\phi'$ 即可，$u_w$ 代表孔隙水压力，$u_w$ 以正值代入。

## 6.3.3　考虑基质吸力抗剪强度的简化 Janbu 法

Janbu 假定条间力合力作用点的位置为已知。分析表明，条间力作用点的位置对边坡稳定性系数影响不大，一般可以假定其作用在土条底面以上 1/3 高度处，这些作用点的连线称为推力线。采用图 6.4 所示的条块力系，Janbu 确定边坡稳定性分析的未知量包括：①土条底部法向反力 $N$，计 $n$ 个；②法向条间力之差

$\Delta E = E_R - E_L$，计 $n$ 个；③切向条间力之差 $\Delta X = X_R - X_L$，计 $n-1$ 个；④稳定性系数 $F_S$，1 个。未知量共 $3n$ 个，可以通过每一土条力与力矩平衡共 $3n$ 个方程来求解。

对每一土条取竖直方向力的平衡，有

$$N\cos\alpha - W - \Delta X + S_m \sin\alpha = 0 \tag{6.22}$$

再取水平方向力的平衡，有

$$\Delta E - N\sin\alpha + S_m \cos\alpha = 0 \tag{6.23}$$

再对土条中点取力矩平衡，并略去高阶微量，有

$$X + E\tan\alpha - h_{ii}\frac{\Delta E}{\beta} = 0 \tag{6.24}$$

式中，$h_{ii}$ 为条间力作用点到滑面的距离；$E$ 代表法向条间力。

因整个边坡的 $\sum \Delta E$ 应等于零，考虑式（6.22），由式（6.23）得

$$\sum (W + \Delta X)\tan\alpha - \sum S_m \sec\alpha = 0 \tag{6.25}$$

利用稳定性系数定义，联系式（6.18）求解得

$$F_S = \frac{\sum \left\{ C'\beta + \left[ (W + \Delta X) - u_w \beta \frac{\tan\phi^b}{\tan\phi'} \right]\tan\phi' \right\} \dfrac{1}{\cos\alpha\left(\cos\alpha + \dfrac{\sin\alpha\tan\phi'}{F_S}\right)}}{\sum (W + \Delta X)\tan\alpha} \tag{6.26}$$

式（6.26）给出的是滑面位于非饱和区的情况，$u_w$ 代表基质吸力，$u_w$ 以负值代入；若某段滑面位于饱和区，只需将式（6.26）中的 $\tan\phi^b$ 换成 $\tan\phi'$，$u_w$ 项代表孔隙水压力，$u_w$ 以正值代入。

## 6.3.4  考虑基质吸力抗剪强度的不平衡推力传递法

不平衡推力传递法也称传递系数法或剩余推力法，是我国工程技术人员创造的一种实用边坡稳定性分析方法。由于该法计算简单，并且能够为滑坡治理提供设计推力，因此在水利部门、铁路部门得到了广泛应用，在我国国家规范和行业规范中都将其列为推荐方法在使用。

不平衡推力传递法条块受力情况，如图 6.5 所示。假定条间力合力（剩余推力）的方向，即上一条块传来的剩余推力的方向，与上一条块的底滑面平行；本条块向下一条块传递的剩余推力的方向，与本条块的底滑面平行。

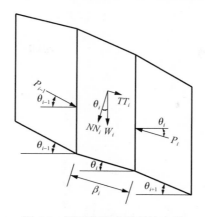

图 6.5　不平衡推力法条块力系

**1. 下滑力 $TT_i$**

作用于第 $i$ 条块滑动面上的滑动分力 $TT_i$ 为

$$TT_i = W_i \sin \theta_i \tag{6.27}$$

式中，$W_i$ 为第 $i$ 条块的总质量；$\theta_i$ 为第 $i$ 条块滑动面中点的切线与水平面的夹角。

**2. 法向力 $NN_i$**

作用于第 $i$ 条块滑动面上的法向力 $NN_i$ 为

$$NN_i = W_i \cos \theta_i \tag{6.28}$$

**3. 抗滑力 $RR_i$**

作用于第 $i$ 条块滑动面的抗滑力 $RR_i$ 为

$$\begin{aligned} RR_i &= NN_i \tan \phi_i' + C_i \beta_i \\ &= W_i \cos \theta_i \tan \phi_i' + C_i' \beta_i - u_w \tan \phi_i^b \beta_i \end{aligned} \tag{6.29}$$

若某段滑面位于非饱和区，$u_w$ 项代表基质吸力，$u_w$ 以负值代入；若某段滑面位于饱和区，$u_w$ 项代表孔隙水压力，$u_w$ 以正值代入。

**4. 剩余推力传递系数**

剩余推力传递系数为

$$\psi_{i-1} = \cos(\theta_{i-1} - \theta_i) - \sin(\theta_{i-1} - \theta_i) \tan \phi_i' \tag{6.30}$$

**5. 剩余推力**

剩余推力为

$$P_i = P_{i-1}\psi_{i-1} + F_{\mathrm{S}}TT_i - RR_i \tag{6.31}$$

6. 稳定性系数

稳定性系数为

$$F_{\mathrm{S}} = \frac{\sum\limits_{i=1}^{n-1}\left(RR_i\prod\limits_{j=i}^{n-1}\psi_j\right) + RR_n}{\sum\limits_{i=1}^{n-1}\left(TT_i\prod\limits_{j=i}^{n-1}\psi_j\right) + TT_n}$$

$$= \frac{\sum\limits_{i=1}^{n-1}\left\{\left[C_i'\beta_i + \left(NN_i - u_{\mathrm{w}}\beta_i\dfrac{\tan\phi_i^{\mathrm{b}}}{\tan\phi_i'}\right)\tan\phi_i'\right]\prod\limits_{j=i}^{n-1}\psi_j\right\} + C_n'\beta_n + \left(NN_n - u_{\mathrm{w}}\beta_n\dfrac{\tan\phi_n^{\mathrm{b}}}{\tan\phi_n'}\right)\tan\phi_n'}{\sum\limits_{i=1}^{n-1}\left(TT_i\prod\limits_{j=i}^{n-1}\psi_j\right) + TT_n}$$

$$\tag{6.32}$$

式（6.32）给出的是滑面位于非饱和区的情况，$u_{\mathrm{w}}$ 项代表基质吸力，$u_{\mathrm{w}}$ 以负值代入；若某段滑面位于饱和区，只需将式（6.32）中的 $\tan\phi^{\mathrm{b}}$ 换成 $\tan\phi'$，$u_{\mathrm{w}}$ 项代表孔隙水压力，$u_{\mathrm{w}}$ 以正值代入。

## 6.3.5　普遍极限平衡分析法

依据式（6.16）提供的条块底面引发的抗剪力 $S_{\mathrm{m}}$ 及式（6.17）提供的条块底面的法向力 $N$，采用图 6.4 所示的条块力系，可以求出边坡的力矩平衡稳定性系数 $F_{\mathrm{m}}$，即

$$F_{\mathrm{m}} = \frac{\sum\left[C'\beta R + \left(N - u_{\mathrm{w}}\beta\dfrac{\tan\phi^{\mathrm{b}}}{\tan\phi'}\right)R\tan\phi'\right]}{\sum WR_x - \sum NR_f} \tag{6.33}$$

其力平衡稳定性系数 $F_{\mathrm{f}}$ 为

$$F_{\mathrm{f}} = \frac{\sum\left[C'\beta\cos\alpha + \left(N - u_{\mathrm{w}}\beta\dfrac{\tan\phi^{\mathrm{b}}}{\tan\phi'}\right)\tan\phi'\cos\alpha\right]}{\sum N\sin\alpha} \tag{6.34}$$

条间力函数为

$$E_{\mathrm{R}} = E_{\mathrm{L}} + [W - (X_{\mathrm{R}} - X_{\mathrm{L}})]\tan\alpha - \frac{S_{\mathrm{m}}}{\cos\alpha} \tag{6.35}$$

式中，$E_{\mathrm{L}}$、$E_{\mathrm{R}}$ 分别为左侧、右侧条间水平法向力。

假设条间剪力 $X$ 和条间法向力 $E$ 之间存在式（6.36）所描述的函数关系。$E$ 与

$X$ 之间必定存在着一个对 $x$ 的函数关系（Morgenstern 和 Price, 1965），即

$$X = \lambda f(x) E \tag{6.36}$$

在普遍极限平衡分析法中 $f(x)$ 往往取常数 1。设定不同 $\lambda$ 值，使得作用于最后一条块右边法向力为零，则认为满足平衡条件，求得平衡时的 $F_\mathrm{m}$、$F_\mathrm{f}$ 值，如取得某一 $\lambda$ 值时，$F_\mathrm{m} = F_\mathrm{f}$，则边坡稳定性系数即为 $F_\mathrm{S} = F_\mathrm{m} = F_\mathrm{f}$。

在上述分析中，饱和区部分 $\phi^b = \phi'$，$u_\mathrm{w}$ 在非饱和区为基质吸力时，用负值水头表示，在饱和区为水头压力时，用正值水头表示。另外，非饱和区部分的滑动力计算，考虑含水量增加岩体容重的变化，饱和区（包括暂态饱和区）滑动力计算时，岩体质量计算采用饱和容重，不考虑水对岩体的软化作用。

式（6.33）和式（6.34）给出的是滑面位于非饱和区的情况，$u_\mathrm{w}$ 项代表基质吸力，$u_\mathrm{w}$ 以负值代入；若某段滑面位于饱和区，将式（6.33）和式（6.34）中的 $\tan \phi^b$ 换成 $\tan \phi'$，$u_\mathrm{w}$ 项代表孔隙水压力，以正值代入。

# 6.4　边坡稳定性随基质吸力的变化率

1. 基于简化 Bishop 法得出的边坡稳定性系数随基质吸力变化的变化率

将稳定性计算式（6.20）对基质吸力求导。得稳定性系数对基质吸力的导数为

$$F'_{(u_\mathrm{a} - u_\mathrm{w})} = \frac{\sum \beta \cos \alpha \tan \phi^b R - \sum \beta \sin \alpha \tan \phi^b R_f}{\sum W \cos \alpha R_x - \sum W R_f} \tag{6.37}$$

式（6.37）为基于简化 Bishop 法得出的边坡稳定性系数随基质吸力的变化率。在岩土边坡工程取值范围内，稳定性系数对基质吸力的导数 [式（6.37）] 为正值。这说明基质吸力的增加能导致稳定性系数的增加。

2. 基于简化 Janbu 法得出的边坡稳定性系数随基质吸力变化的变化率

将稳定性计算式（6.26）对基质吸力求导，得稳定性系数对基质吸力的导数为

$$F'_{(u_\mathrm{a} - u_\mathrm{w})} = \frac{\sum \beta \cos \alpha \tan \phi^b + \sum \beta \sin \alpha \tan \alpha \tan \phi^b}{\sum W \tan \alpha} \tag{6.38}$$

式（6.38）为基于简化 Janbu 法得出的边坡稳定性系数随基质吸力的变化率。在岩土边坡工程取值范围内，稳定性系数对基质吸力的导数 [式（6.38）] 为正值。这说明基质吸力的增加能导致稳定性系数的增加。

3. 基于不平衡推力传递法的边坡稳定性系数随基质吸力变化的变化率

将稳定性计算式（6.32）对基质吸力求导，得稳定性系数对基质吸力的导数为

$$F'_{(u_a - u_w)} = \frac{\sum\limits_{i=1}^{n-1}\left[\left(\beta_i \tan\phi_i^b\right)\prod\limits_{j=i}^{n-1}\psi_j\right] + \beta_n \tan\phi_n^b}{\sum\limits_{i=1}^{n-1}\left(TT_i \prod\limits_{j=i}^{n-1}\psi_j\right) + TT_n} \tag{6.39}$$

式（6.39）为基于不平衡推力传递法得出的边坡稳定性系数随基质吸力的变化率。在岩土边坡工程取值范围内，稳定性系数对基质吸力的导数［式（6.39）］为正值。这说明基质吸力的增加能导致稳定性系数的增加。

4. 基于普遍极限平衡分析法得出的边坡稳定性系数随基质吸力变化的变化率

将稳定性计算式（6.33）和式（6.34）对基质吸力求导，得稳定性系数对基质吸力的导数为

$$F'_{(u_a - u_w)} = \frac{\sum \beta \tan\phi^b \left(\tan\alpha + \dfrac{R_f}{R}\right)}{\sum W\left(\tan\alpha + \dfrac{R_f}{R}\right)\left(\dfrac{1}{\sin\alpha - \cos\alpha\,\lambda f(x)}\right) - \sum W\dfrac{R_x}{R}\left(\dfrac{\cos\alpha + \sin\alpha\,\lambda f(x)}{\sin\alpha - \cos\alpha\,\lambda f(x)}\right)}$$

$$\tag{6.40}$$

式（6.40）为基于普遍极限平衡分析法得出的边坡稳定性系数随基质吸力变化的变化率。在岩土边坡工程取值范围内，稳定性系数对基质吸力的导数［式（6.40）］为正值。这说明基质吸力的增加能导致稳定性系数的增加。

# 6.5　工程实例：基质吸力引发的抗剪强度探讨

## 6.5.1　对基坑土压力的影响

朗肯在假设墙后土体中各点处于极限平衡状态的基础上，建立了计算主动和被动土压力的方法。事实上，基坑潜水面以上的土体处于非饱和状态，对于同一个土体，其处于非饱和状态的抗剪强度，高于其处于饱和状态的抗剪强度（戚国庆，2004）。高出的部分就是由基质吸力引发的抗剪强度［式（6.5）］。

1. 主动土压力

按照朗肯土压力理论，基坑支护结构上的主动土压力计算公式为

$$e_{akj} = \sigma_{akj}K_{ai} - 2C_{ki}\sqrt{K_{ai}} \tag{6.41}$$

式中，$K_{ai}$ 为第 $i$ 层的主动土压力系数，可按 $K_{ai} = \tan^2(45° - \varphi_{ki}/2)$ 计算，$\varphi_{ki}$ 为第 $i$ 层土内摩擦角；$\sigma_{akj}$ 为作用于深度 $z_j$ 处的竖向应力，计算点位于基坑开挖面以上时 $\sigma_{akj} = \gamma_{mj}z_j$，计算点位于基坑开挖面以下时 $\sigma_{akj} = \gamma_{mh}h$，其中，$\gamma_{mh}$ 为开挖面以上土的加权平均天然重度；$C_{ki}$ 为第 $i$ 层土黏聚力。

考虑基质吸力引发的抗剪强度［式（6.5）］，得到基于朗肯土压力理论的非饱和土主动土压力 $e_{akj}$ 计算公式如下：

$$e_{akj} = \sigma_{akj}K_{ai} - 2\left[C_{ki}' + (u_a - u_w)_{ki}\tan\phi_{ki}^b\right]\sqrt{K_{ai}} \tag{6.42}$$

式（6.42）中的 $2(u_a - u_w)_{ki}\tan\phi_{ki}^b\sqrt{K_{ai}}$ 项是由基质吸力引起的主动土压力减小量，当基质吸力消失时，此量为零。

2. 被动土压力

按照朗肯土压力理论，基坑支护结构上的被动土压力计算公式为

$$e_{pkj} = \sigma_{pkj}K_{pi} + 2C_{ki}\sqrt{K_{pi}} \tag{6.43}$$

式中，$K_{pi}$ 为第 $i$ 层土的被动土压力系数，按 $K_{pi} = \tan^2(45° + \varphi_{ki}/2)$ 计算；作用于基坑底面以下深度 $z_j$ 处的竖向应力标准值，可按 $\sigma_{pkj} = \gamma_{mj}z_j$ 计算，$\gamma_{mj}$ 为深度 $z_j$ 以上土的加权平均天然重度。

考虑基质吸力引发的抗剪强度［式（6.5）］，得到基于朗肯土压力理论的非饱和土被动土压力 $e_{pkj}$ 计算公式如下：

$$e_{pkj} = \sigma_{pkj}K_{pi} + 2\left[C_{ki}' + (u_a - u_w)_{ki}\tan\phi_{ki}^b\right]\sqrt{K_{pi}} \tag{6.44}$$

式中，$2(u_a - u_w)_{ki}\tan\phi_{ki}^b\sqrt{K_{pi}}$ 项是由基质吸力引起的被动土压力增加量，当基质吸力消失时，此量为零。

考虑非饱和土由基质吸力引发的抗剪强度，基坑支护结构土压力变化：①主动土压力减小量为 $2(u_a - u_w)_{ki}\tan\phi_{ki}^b\sqrt{K_{ai}}$；②被动土压力增加量为 $2(u_a - u_w)_{ki}\tan\phi_{ki}^b\sqrt{K_{pi}}$。

## 6.5.2　基坑监测布置

北京某大厦位于北京市东城区东单路口东南角，北侧距东单地铁口约 20m。拟建建筑物长 178.6m，宽 126.98m，占地面积 22015m$^2$。工程自然地面标高为 $-0.36$m，基底标高为 $-17.81$m，基坑开挖深度为 17.45m，基坑开挖前，已将地下水降至基底以下 0.5m，基坑支护方案为桩锚支护，即挡土墙＋护坡桩＋三道锚杆，为保证基坑周围建筑物安全和确保基坑施工顺利进行，自 2001 年 10 月～2002 年 2 月，

在基坑南侧、北侧和西侧中部各选了一个点，对该工程基坑围护结构施工过程中基坑支护结构界面上侧向压力进行了监测。

### 6.5.3　基坑土压力计算

据统计，1950~2012 年，北京地区年均降水量 584.6mm（李永坤和丁晓洁，2013）。多年平均月降水量分布如图 6.6 所示。北京某大厦施工期间（2001 年 10 月 29 日~2012 年 2 月 28 日）的降水量累计约为 18mm，约占年均降水量的 3.1%。

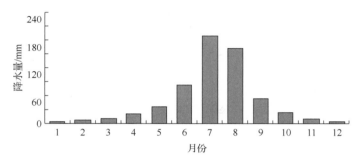

图 6.6　北京市 1950~2012 年月均降水量分布（李永坤和丁晓洁，2013）

基坑开挖前已进行了疏排水（将地下水降至基底以下 0.5m），故基坑开挖深度内土体处于非饱和状态。据经验估计，已疏干地下水的基坑土体中的基质吸力平均值可达到 40kPa（布马和德亨，1999）。

依据各土层的物理力学性质测试结果，以及经验，确定基坑各土层的物理力学性质参数取值，如表 6.1 所示。

表 6.1　土层主要物理力学参数取值

| 序号 | 土层 | 厚度/m | 容重/（kN/m³） | 有效黏聚力/kPa | 有效内摩擦角/（°） |
|---|---|---|---|---|---|
| ① | 人工填土 | 2.0 | 15.0 | 10.0 | 15 |
| ② | 粉质黏土 | 6.0 | 18.2 | 27.0 | 25 |
| ③ | 粉细砂 | 4.5 | 18.8 | 0.5 | 30 |
| ④ | 黏土夹砾石 | 5.0 | 20.0 | 15.0 | 33 |
| ⑤ | 黏土 | 3.0 | 19.0 | 25.0 | 28 |

依据 $\phi^b$ 角与基质吸力 $(u_a - u_w)$ 的关系式 [式（6.9）和式（6.10）]，估算得到 $\phi^b$ 角。然后，应用式（6.41）计算朗肯主动土压力；应用式（6.42）计算考虑土体非饱和状态的朗肯主动土压力。

## 6.5.4　结果分析

北京某大厦基坑主动土压力计算结果（图 6.7）显示：应用考虑土体非饱和状态的朗肯主动土压力公式［式（6.42）］得到的结果，较应用朗肯主动土压力公式［式（6.41）］得到的结果，更接近监测结果。

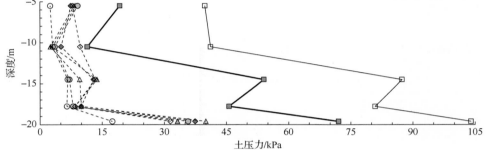

图 6.7　基坑主动土压力监测与计算结果

这是由于基坑开挖前，已实施了降水疏干，基坑开挖期间大气降水量很少，基坑周边土体处于非饱和状态。而非饱和土体是四相体，即固体颗粒、土中水、土中气体和水、气交界处的收缩膜（弗雷德隆德和拉哈尔佐，1997）。收缩膜很薄，只有几个分子的厚度，但它最显著的特点是能够承受拉力，在张力作用下它像弹性薄膜一样交织于土的结构中，收缩膜承受的张力 $T_s$ 为

$$T_s = \frac{(u_a - u_w)R_s}{2} \tag{6.45}$$

式中，$R_s$ 为收缩膜的弯曲半径。

由式（6.45）可看出收缩膜所承受的张力与基质吸力成正比，基质吸力越大，收缩膜的张力就越大，土体的总体强度就越高，作用在基坑支护结构上的主动土压力就越小。

基坑范围内非饱和土中基质吸力的存在，对基坑的开挖与支护安全是有利的。基坑开挖的季节选择是非常重要的。旱季，非饱和土中的基质吸力升高，对基坑支护结构的安全有利；在雨季，降雨较多，雨水下渗致使非饱和土中基质吸力降低，甚至消失，对基坑支护安全不利（戚国庆等，2007）。在北京地区利用土的基质吸力成功进行护坡施工已有不少实例（黄玉田和高华东，1997）。所以在按经验设计基坑开挖支护时，必须考虑基坑施工成功实例的施工季节以及所设计基坑的施工季节。同时，实施早期降水可在基坑整体刚度形成前，有效利用基质吸力减小基坑支护结构上的主动土压力。

非饱和土力学理论可以用于基坑开挖支护设计。在基坑开挖设计时，有必要对土体的非饱和力学特性进行研究，这将大大降低工程造价。

# 6.6　工程实例：入渗作用下某矿区岩质边坡稳定性评价

## 6.6.1　参数取值

依据某矿区开采边坡勘察，以及室内物理力学试验，得出某矿区裂隙岩体边坡的物理力学性质取值，见表 6.2。

表 6.2　某矿区边坡岩体物理力学性质取值

| 岩组 | 干容重/（kN/m³） | 饱和含水量/% | 黏聚力/kPa | 内摩擦角/（°） | $\phi^b$ 角/（°） |
|---|---|---|---|---|---|
| 混合岩组 | 27.5 | 16.8 | 150.0 | 32.5 | 13.25 |
| 叶家湾组 | 16.1 | 26.4 | 20.4 | 24.7 | 14.60 |
| 矿层 | 16.4 | 31.8 | 63.1 | 25.4 | 12.33 |

## 6.6.2　典型计算剖面

稳定性评价选取图 3.11 所示某露天矿边坡剖面。该剖面位于失稳边坡体中心线上，剖面方向代表了失稳边坡主滑方向，并且在该剖面上各类数据较为齐全、可靠，能够比较全面地反映边坡的稳定性特征。

稳定性计算中，采用最优化方法来寻找、确定最危险滑裂面的位置。具体做法是：将非圆弧形滑裂面曲线 $y = y_滑(x)$ 用 $m$ 个点 $A_1, A_2, \cdots, A_m$ 离散，这 $m$ 个点 $A_1, A_2, \cdots, A_m$ 以直线段或光滑曲线连接，近似模拟滑裂面曲线 $y = y_滑(x)$。一旦连接模式确定，边坡稳定性系数 $F_S$ 即可表达成此 $m$ 个点坐标 $x_1, y_1, x_2, y_2, \cdots, x_m, y_m$ 的函数，即

$$F_S = F_S(x_1, y_1, x_2, y_2, \cdots, x_m, y_m) \qquad (6.46)$$

于是，搜索最危险滑裂面问题具体化为求函数 $F_S$［式（6.46）］的最小值问题。

大量计算资料表明，对于基于极限平衡理论的各种稳定性分析方法，当采用的滑裂面为圆弧形时，尽管求出的最小稳定性系数 $F_{Smin}$ 各不相同，但最危险滑裂面的位置却很接近，而且在最危险滑裂面附近，稳定性系数 $F_S$ 值的变化很不灵敏。因此，完全可能利用最简单的圆弧滑动法来确定最危险滑裂面的位置，然后对最危险滑裂面或再加上附近少量的滑裂面，用比较严格但又比较复杂的方法来核算它的稳定性系数，这样可使计算工作量大为减少。

## 6.6.3　计算边界条件

计算边界条件包括降雨因素和计算部位，具体如下。

### 1. 降雨因素

1998 年 6 月某矿区遇到历史最大次降雨，降雨历时 7d，降雨量为 676.1mm。本章对 7d 降雨过程中边坡的稳定性变化情况，进行了分析、评价。具体做法如下：边坡体中的地下水渗流场，依据本书 3.7 节对某矿区裂隙岩体边坡降雨入渗数值模拟结果确定。

### 2. 计算部位

计算部位为整个失稳边坡体。

## 6.6.4　入渗作用下某矿区岩质边坡稳定性分析

应用考虑基质吸力对边坡稳定性影响的普遍极限平衡分析法，依据某矿区裂隙岩体边坡的物理力学参数，以及破坏模式，对 7d 降雨（降雨量为 676.1mm）过程中，边坡的稳定性进行了分析。分析结果见表 6.3。

表 6.3　某矿边坡降雨入渗影响下的稳定性

| 降雨入渗时间/d | 0 | 1 | 2 | 3 | 4 | 5 | 6 | 7 |
|---|---|---|---|---|---|---|---|---|
| 累计降雨量/mm | 0.0 | 96.6 | 193.2 | 289.8 | 386.3 | 482.9 | 579.5 | 676.1 |
| 边坡稳定性系数 | 1.0861 | 1.0528 | 1.0217 | 0.9966 | 0.9795 | 0.9698 | 0.9628 | 0.9582 |

由表 6.3 发现：随着降雨的不断入渗，边坡稳定性系数逐渐降低。降雨前，边坡稳定性系数 $F_s=1.0861$，经历 7d 降雨后，边坡稳定性系数降为 $F_s=0.9582$（图 6.8）；7d 的降雨入渗，边坡稳定性系数降低幅度为 11.78%。实际上，在此次历时 7d 的降雨后，该边坡发生了滑移，但并未整体失稳。

边坡稳定性与累计降雨量的关系为

$$\begin{cases} F_s=3.0\times10^{-7}r^2-0.0004r+1.0863 \\ R=0.9995 \end{cases} \tag{6.47}$$

式中，$r$ 为累计降雨量；$R$ 为相关系数，$R=0.9995$。

由基质吸力引发的抗剪强度包含在岩土体的凝聚力中［式（6.2）和式（6.5）］。按 3.7 节模拟结果，地下水潜水面抬升 0.8m；采用传统的基于饱和土力学的边坡稳定性分析方法——Bishop 法计算，得到该边坡的稳定性变化为：降雨前，边坡稳定性系数 $F_s=1.0861$；历经 7d 降雨后，边坡稳定性系数 $F_s=1.0796$，变化很小。

降雨入渗使得边坡体非饱和区的基质吸力降低，出现暂态饱和区及暂态水压力，从而导致边坡体强度降低［式（6.2）和式（6.5）］，水压力升高，最终降低边坡的稳定性。

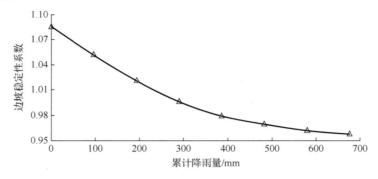

图 6.8　某露天矿边坡稳定性随降雨量变化

# 6.7　小　　结

## 1. 基质吸力引发的抗剪强度研究

对基质吸力引发的抗剪强度及其随基质吸力的变化速率（$\phi^b$ 角）进行研究，以北京某大厦基坑土压力监测为例（戚国庆等，2006），推导得出：由基质吸力引发的支护结构主动土压力变化量为 $2(u_a - u_w)_{ki} \tan \phi^b_{ki} \sqrt{K_{ai}}$；被动土压力变化量为 $2(u_a - u_w)_{ki} \tan \phi^b_{ki} \sqrt{K_{pi}}$。在此基础上，探讨了入渗过程中，边坡非饱和带物质由基质吸力引发的抗剪强度降低、消失，最终导致边坡失稳的机理。

## 2. 入渗对边坡稳定性影响的评价、分析方法研究

基于非饱和土引申的莫尔-库伦强度准则，得出了考虑基质吸力对边坡稳定性的影响的 Bishop 法、Janbu 法，不平衡推力传递法的计算公式，并据此推导出 Bishop 法、Janbu 法、不平衡推力传递法、普遍极限平衡分析法中边坡稳定性系数对基质吸力的导数。

本章以某露天矿矿区裂隙岩体边坡为工程实例，应用考虑基质吸力对边坡稳定性的影响的普遍极限平衡分析法的计算公式，研究降雨过程中（7d），边坡稳定性的变化规律。

降雨入渗诱发的滑坡往往是那些处于临界状态的边坡（陈祖煜，2003；戚国庆等，2004，2007）。对于露天矿边坡，爆破震动、卸荷、风化作用使坡面岩体裂隙极其发育。并且由于露天矿开采成本所限，不可能采用较高的边坡稳定性系数，因而，降雨对露天矿边坡的稳定性影响更大。

基于饱和土力学理论的边坡稳定性分析方法，是一种传统的边坡稳定性分析

方法，并且已为目前的工程建设规范、规程所接受。该方法认为：降雨影响边坡稳定性的作用机理，是由降雨引起的边坡体内饱和流场静水压力的增大。降雨入渗量直接补给到潜水面上，而没有时间上的滞后。稳定性计算过程中，不考虑由基质吸力引起的那部分岩土体抗剪强度。实际上，降雨入渗过程中，边坡非饱和区基质吸力的降低，以及由基质吸力引起的那部分岩土体抗剪强度的降低或丧失，对于边坡稳定性的影响更大。

# 参 考 文 献

陈祖煜，2003．土质边坡稳定分析：原理、方法、程序[M]．北京：中国水利水电出版社．

冯夏庭，1999．智能岩石力学导论[M]．北京：科学出版社．

黄润秋，许强，戚国庆，2007．降雨及水库诱发滑坡的评价与预测[M]．北京：科学出版社．

黄宜胜，李建林，常晓林，2007．基于抛物线型 D-P 准则的岩质边坡稳定性分析[J]．岩土力学，28（7）：1448-1452．

黄玉田，高华东，1997．高地下水位地区的插筋补强护坡[J]．工业建筑，27（11）：5-9．

李永坤，丁晓洁，2013．北京市降水量变化特征分析[J]．北京水务（2）：9-12．

李瓒，2001．龙羊峡水电站挑流水雾诱发滑坡问题[J]．大坝与安全（3）：17-20．

刘明，黄润秋，严明，2006．锦屏一级水电站Ⅳ-Ⅵ山梁雾化边坡稳定性分析[J]．岩石力学与工程学报，25（s1）：2801-2807．

鲁兆明，祝玉学，1992．用破坏密度最大概率点法评价边坡可靠度[J]．金属矿山（4）：17-21，55．

栾茂田，1992．土体稳定分析极限平衡法改进及其应用[J]．岩土工程学报，14（s1）20-29．

戚国庆，2004．降雨诱发滑坡机理及其评价方法研究：非饱和土力学理论在降雨型滑坡研究中的应用[D]．成都：成都理工大学．

戚国庆，2007．降雨对边坡的影响研究[R]．四川大学博士后研究报告．成都：四川大学．

钱家欢，殷宗泽，1996．土工原理与计算[M]．北京：中国水利水电出版社．

沈珠江，1996．广义吸力和非饱和土的统一变形理论[J]．岩土工程学报，18（2）：1-9．

王桂萱，王中正，1987．有限元滑弧稳定性分析[C]//中国力学学会计算力学委员会，第一届全国计算岩土力学研讨会论文集．成都：西南交通大学出版社：233-238．

徐永福，刘松玉，1999．非饱和土强度理论及其工程应用[M]．南京：东南大学出版社．

尹鹏海，姚孟迪，2013．金沙江白鹤滩水电站左岸雾化区边坡稳定性分析[J]．中国农村水利水电（8）：137-141．

张伯涛，荣冠，黄凯，等，2011．某水电站边坡雾雨作用下三维稳定性分析[J]．水电能源科学，29（6）：116-119，194．

周雄华，沈军辉，王兰生，等，2004．锦屏Ⅰ级水电站坝址区雾化边坡稳定性分析[J]．地质灾害与环境保护，15（1）：65-69．

朱济祥，薛乾印，薛玺成，1997．龙羊峡水电站泄流雾化雨导致岩质边坡的蠕变变位分析[J]．水力发电学报，58（3）：31-42．

布马 J，德亨 M，1999．一种预测气候变化对边坡稳定性影响的方法[J]．水利水电快报，20（7）：9-11．

弗雷德隆德 D G，拉哈尔佐 H，1997．非饱和土力学[M]．陈仲颐，张在明，陈愈炯，等译．北京：中国建筑工业出版社．

HOCK E, BRAY J W, 1983．岩石边坡工程[M]．卢世宗，李成村，夏继祥，等译．北京：冶金工业出版社．

BISHOP A W, ALPAN I, BLIGHT G E, et al, 1960. Factor controlling the shear strength of partly saturated cohesive soils[R]. ASCE Research Conference on the Shear Strength of Cohesive Soils: 503-532.

CHANG M, 2002. A 3D slope stability analysis method assuming parallel lines of intersection and differential straining of block contacts[J]. Canadian Geotechnical Journal, 39(4): 799-811.

EI-RAMLY H, MORGENSTERN N R, CRUDEN D M, 2002. Probabilistic slope stability analysis for practice[J]. Canadian Geotechnical Journal, 39(3): 665-683.

FREDLUND D G, MORGENSTERN N R, WIDGER R A, 1978. The shear strength of unsaturated soils[J]. Canadian Geotechnical Journal, 15(3): 313-321.

WANG Q, PUFAHL D E, FREDLUND D G, 2002. A study of critical state on an unsaturated silty soil[J]. Canadian Geotechnical Journal, 39(1): 213-218.

ZHANG S L, SHAO L T, 2003. Stability analysing of unsaturated soil slope[J]. Journal of China University of Mining and Technology, 13(1): 55-59.